土木工程学科学术著作论丛

低温环境下土木工程材料与结构

CIVIL ENGINEERING MATERIALS AND STRUCTURES AT LOW TEMPERATURES

严加宝　程林　谢剑　著

天津大学出版社
TIANJIN UNIVERSITY PRESS

内 容 提 要

　　本书总结了作者近期对低温环境下土木工程材料与结构破坏机理及力学性能的研究成果。本书从工程实际出发，采用试验及理论分析方法，对低温环境下土木工程材料及结构构件破坏机理、力学性能进行了深入研究，阐述了低温环境对建筑材料及结构构件力学性能作用的影响规律，并对关键影响参数进行了梳理；在试验及理论分析基础上，创建了低温环境下土木工程材料及结构构件理论分析模型及其设计方法。

　　本书为低温环境下土木工程结构力学性能分析及设计奠定了基础，可为该领域相关分析软件、设计规范、规程的发展及修订提供重要资料，可供低温环境下土木工程结构领域的广大科技工作者及工程设计人员参考，亦可作为研究生及本科生的学习用书。

图书在版编目（CIP）数据

低温环境下土木工程材料与结构 / 严加宝, 程林,
谢剑著. -- 天津：天津大学出版社, 2022.8
　（土木工程学科学术著作论丛）
　ISBN 978-7-5618-7119-5

　Ⅰ.①低… Ⅱ.①严… ②程… ③谢… Ⅲ.①土木工
程－工程材料②土木工程－工程结构 Ⅳ.①TU

中国版本图书馆CIP数据核字(2022)第007230号

DIWEN HUANJING XIA TUMU GONGCHENG CAILIAO YU JIEGOU

出版发行	天津大学出版社
地　　址	天津市卫津路92号天津大学内（邮编：300072）
电　　话	发行部：022-27403647
网　　址	www.tjupress.com.cn
印　　刷	天津泰宇印务有限公司
经　　销	全国各地新华书店
开　　本	185 mm×260 mm
印　　张	10
字　　数	251千
版　　次	2022年8月第1版
印　　次	2022年8月第1次
定　　价	69.00元

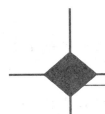

前言

近年来,在寒区及极寒地区有大量的土木工程设施进行建设并投入使用,例如极地采油平台、极地科考站、青藏铁路、寒区桥梁(挪威贝特斯塔德大桥、哈当厄尔大桥)等。我国经济的发展对作为清洁能源的液化天然气(Liquefied Natural Gas,LNG)的需求迅速增长,导致对大型 LNG 储罐的需求日益增加。而在寒区及极寒地区建设 LNG 储罐使得建设工程暴露于低温环境,导致工程中的材料与结构承受低温灾变,使低温环境下土木工程材料与结构的设计与施工面临全新的挑战。

低温环境会对土木工程材料(主要是混凝土与钢材)微观结构产生影响,从而影响其力学性能及热力学性能,并进一步引起结构构件力学性能变化,影响其破坏机理、结构耐久性及工程使用寿命。因此,低温环境对土木工程材料与结构的力学性能、破坏机理、设计及分析方法等提出了新的要求。本书主要针对低温环境下土木工程材料与结构展开系统性研究,重点介绍了低温环境下土木工程材料与结构的力学性能,阐述了低温环境下土木工程材料及结构构件的破坏机理,提出了低温环境下土木工程材料及结构构件相应的设计分析方法,为相关领域研究人员及工程设计人员提供参考。

本书共 8 章。第 1 章讲述了低温环境下土木工程材料与结构的特点与发展、国内外研究现状及本书的研究内容;第 2 章介绍了低温环境下钢筋及钢绞线的力学性能;第 3 章进行了低温环境下钢绞线膨胀系数及应力松弛性能研究;第 4 章进行了低温环境下混凝土材料力学性能研究;第 5 章进行了低温环境下钢筋 - 混凝土粘结 - 滑移力学性能研究;第 6 章进行了低温环境下普通及预应力混凝土梁受弯性能研究;第 7 章进行了低温环境下混凝土柱轴压性能研究;第 8 章为研究展望。

本书第 2~5 章由严加宝教授编写,第 6~8 章由谢剑教授编写,第 1 章的编写及全书的统稿均由程林高级工程师完成。硕士研究生冯俊颖、骆艳丽、林智成、杨鑫炎、胡顺年及博士研究生西荣、王哲等参与了本书文字和图表的整理、绘制工作。硕士研究生裴家明、赵雪绮、丁衍然、李柔、刘麟玮、王传星、李会杰、聂治盟、雷光成、韩晓丹、魏强、吴洪海、李小梅协助完成了本书中部分试验、数值及理论分析工作。他们对本书的出版均做出了重要贡献,在此表示衷心感谢!

本书是在作者及其科研团队近十年研究工作的基础上完成的,限于作者水平及编写疏漏,书中难免存在不足之处,敬请读者批评斧正,以求在今后研究工作中改进。

作者

2022 年 5 月

目　　录

第1章 绪论

1.1 低温环境下土木工程材料与结构的特点

由于资源有限,为争取更大的发展空间,对极地、深海、太空的资源进行探索利用是大势所趋。环境温度极低是极地与太空环境的共同特点之一,是进行极地与太空资源开发必须考虑的重要工程环境因素。我国东北、西北等地区的冬季气温低且持续时间长,最低气温为 -53.4 ℃;极地地区更是常年处于严寒状态,最低气温可达 -68.2 ℃。这些地区的土木工程设施长期处于低温环境中,因此研究低温环境下土木工程材料和结构的力学性能对推动严寒和极地地区的工程设施建设具有重大意义。本书将从材料和构件两个方面进行阐述:首先,材料方面,以钢筋和混凝土作为主要研究材料,具体研究了低温环境下钢筋强度、弹性模量及变形能力的升温变化规律,由多根钢丝绕捻而成的钢绞线在低温环境下的线膨胀系数及应力松弛性能的变化,低温环境下温度、水灰比及含水率对混凝土抗压强度及破坏机理的影响以及两者在低温环境下和低温冻融循环下的粘结 - 滑移性能计算公式;其次,构件方面,研究了普通混凝土梁和预应力混凝土梁的受弯性能、混凝土柱的轴压性能。常见的土木工程材料与结构如图 1.1 所示。

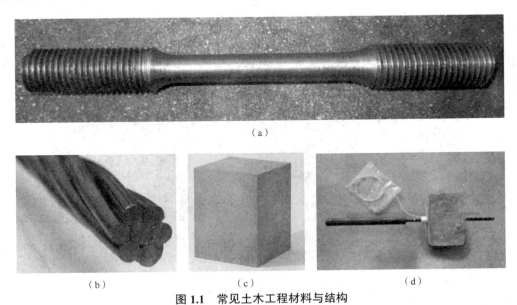

(a)

(b)　　　　　　　　(c)　　　　　　　　(d)

图 1.1 常见土木工程材料与结构

(a)钢筋　(b)钢绞线　(c)混凝土立方体块　(d)钢筋 - 混凝土

（e）   （f）

图 1.1   常见土木工程材料与结构（续）

（e）普通混凝土梁   （f）混凝土柱

随着对 LNG 低温储罐关注度的提高及土木工程建设在严寒地区的大力发展，混凝土和钢筋材料已广泛应用于低温环境。与以往的钢筋和混凝土结构研究相比，在低温环境下研究土木工程材料和结构具有以下创新。

（1）揭示了混凝土及钢筋材料在低温环境下的各项参数对其强度等力学指标的影响规律，可为结构层次设计提供重要力学性能参数。

（2）揭示了钢筋和混凝土梁、柱结构在低温环境下的破坏模式，并提出了其承载力的计算方法，可为低温环境下的结构设计提供依据。

（3）设计方案、试验装置及量测方案均为后续的研究提供了新的方法与方向。

这些创新对低温环境下土木工程材料及结构的研究具有重要意义。土木工程材料与结构在低温环境下的典型应用有沉管隧道（港珠澳大桥）[1]、LNG 储罐 [2]、极地采油平台防冰墙 [3-6] 等，如图 1.2 所示。

（a）   （b）

图 1.2   低温环境下土木工程材料与结构典型应用

（a）建成投入使用的 LNG 储罐   （b）中国南极科考基地

1.2 低温环境下土木工程材料与结构的发展与研究

1.2.1 超低温条件下钢筋力学性能的发展与研究

建筑钢材的破坏分为延性破坏和脆性破坏。延性破坏的特点是材料在破坏前具有较大的塑性变形,且变形持续时间较长,容易及时发觉并采取补救措施,不致引起严重后果。而脆性破坏前塑性变形很小,没有明显预兆,无法及时察觉和采取补救措施,个别重要构件的断裂常会引起结构连续倒塌,后果严重。在常温环境下,钢材是高强、匀质、具有良好塑性和韧性的理想建筑材料。但在超低温环境下,钢材性能受温度影响,韧性降低,材料变脆,发生脆性破坏的可能性增大。国内外学者已经对建筑钢材在超低温环境下的力学性能做了一些理论和试验研究,并取得了一些研究成果。

Filiatrault 和 Holleran[7] 为研究应变速率和低温对钢筋力学性能的影响,对 36 根直径为 6 mm 的钢筋试样在温度为 $-40 \sim 20$ ℃时进行了单向拉伸试验研究。试验结果表明,随着应变速率增大和温度降低,钢筋的屈服强度 f_y 和抗拉强度 f_u 都有提高,且屈服强度 f_y 提高的幅度比抗拉强度 f_u 大;应变速率和温度对极限拉应变 ε_u 和弹性模量 E_s 影响不明显;随着温度的降低,钢筋延性降低。Dahmani 等 [8] 总结了前人对低温环境下钢筋材料性能的研究成果,指出钢筋在低温下的屈服强度 f_y 和抗拉强度 f_u 都有显著的提高;低温环境下钢筋的弹性模量增加约 10%,而线膨胀系数在 $-165 \sim 70$ ℃温度区间内基本保持不变,为 $5 \times 10^{-6} \sim 10 \times 10^{-6}$/℃。在国内,学者对钢材在低温下力学性能的研究比较多。王元清等 [9] 对常用的三种结构钢材(Q235、16Mn、15MnV)在 $-60 \sim 20$ ℃温度区间内的主要力学指标进行了试验研究,并分析了这些指标随温度变化的规律。试验结果表明,钢材的屈服强度 f_y 和抗拉强度 f_u 均随温度的降低而提高,且屈服强度 f_y 的增大幅度比抗拉强度 f_u 要大,塑性指标(断后伸长率 δ 和截面收缩率 ψ)随温度的降低而减小。刘爽等 [10] 对超低温环境下钢筋单轴拉伸的力学性能做了试验研究。试验结果表明,随着温度的降低,屈服强度相对值和抗拉强度相对值均按指数关系递增,且屈服强度相对值比抗拉强度相对值的增加更为显著;钢筋的弹性模量 E_s 基本不变化;钢筋的强化应变近似按二次项关系递增;极限应变的试验数据较离散,整体呈降低趋势,且钢筋应力 - 应变关系曲线的形状基本不随温度的变化而改变。根据以上研究结果可以得出结论:钢筋在低温条件下延性降低而脆性提高。

1.2.2 超低温条件下钢绞线性能的发展与研究

钢绞线是由冷拉光圆高碳钢丝按一定数量捻制而成的。因此,钢丝的性能直接影响钢绞线的性能,对钢丝力学性能的研究是对钢绞线性能研究的基础。Planas 等 [11] 对钢绞线在 20 ℃、-165 ℃温度下的力学性能做了试验研究。试验结果表明,与 20 ℃相比,在 -165 ℃下预应力钢绞线的名义屈服应力 $\sigma_{0.2}$ 和断裂应力 σ_R 提高约 15%,且预应力钢筋的伸长率也有少许提高。许多学者为了研究预应力结构的抗火性能,以预应力高强钢丝为研究基础开展了高温下材料性能的试验研究。郑文忠等[12]、Ajimi 等[13]均对高强钢丝试件进行了高温下拉伸试验,得到了高温下钢丝试件拉伸力-位移曲线、应力-应变曲线以及强度和弹性模量与试验温度的关系、钢丝高温下及高温后的力学性能退化规律。还有许多学者为了研究桥梁吊杆拉索的耐久性,对拉索中的钢丝进行了力学性能试验。目前,对高强钢丝的研究主要集中在高温以及锈蚀条件下,而对低温和超低温环境下钢绞线用高强钢丝的力学性能研究较少。因此,该部分试验研究具有一定意义。

陈志华等[14]对钢丝制品的热膨胀性能做了一定研究,通过自制试验设备对钢丝制品在 $20 \sim 100$ ℃的线膨胀系数进行了试验研究,得出钢绞线在 $20 \sim 100$ ℃的线膨胀系数为 1.38×10^{-5}/℃,并指出钢绞线线膨胀系数的大小与捻距和直径有关,即随着捻距的增大而减小,随着直径的增大而增大。国内有些学者对钢材的其他结构形式或者其他金属进行了低温线膨胀系数的研究:张建可[15]介绍了一种钢丝绳低温热膨胀系数试验方法,并在 $-100 \sim 25$ ℃温度区间内,对 3 种不同直径的钢丝绳进行了 4 种预紧力下的热膨胀试验研究,讨论了直径和预紧力对钢丝绳热膨胀系数的影响,分析了影响测量数据的因素,给出了钢丝绳低温热膨胀系数随温度变化的规律曲线。Sun 等[16]研究了温度和含碳量对钢材线膨胀系数的影响,指出在 $0 \sim 800$ ℃,线膨胀系数随着温度的升高而增大,随着含碳量的增加而降低。Watanabe 等[17]设计了一个激光干涉仪器,测定了 $300 \sim 1300$ K 下材料的线膨胀系数。James 等[18]总结了前人对材料线膨胀系数的研究成果,介绍了各种试验设备和测量方法,列举了各国的规范标准,并对材料在高温下线膨胀系数的研究提出了一些建议。

国内对钢绞线低温松弛性能方面的研究较少,一般是在常温及高温下对钢绞线的松弛性能进行研究。陆光闾等[19]在常温条件下对钢绞线的应力松弛性能进行了大量的试验研究,研究了不同初始应力、超张拉对松弛率的影响以及松弛率长期发展规律,提出了用时间对数的指数方程表示高强钢丝松弛率和时间的关系,并给出了应力松弛计算公式的建议。顾万黎[20]对 LL800 级及 LL650 级直径为 5 mm 的冷轧带肋钢筋在常温下的应力松弛性能进行了试验研究,结果表明,张拉控制应力越高,应力松弛越大;钢筋经机械调直后的应力松弛比未调直钢筋松弛损失增大;超张拉是减少应力松弛的有效措施。Atienza 等[21]研究了钢绞线残余应力对其应力松弛性能的影响,提出随着表面张拉残余应力或者内部张拉残余应力的增加,应力松弛性能下降。Zeren 等[22]研究了不同热处理温度和拉伸比条件下低温热处理工艺对预应力松弛性能的影响,发现当拉伸率恒定,温度在 400 ℃时,应力松弛最小;当温度恒定,拉伸率为 $40\% \sim 50\%$ 时,应力松弛最小。

常温下对钢筋和钢绞线的研究较多,但超低温环境下对钢筋和钢绞线力学性能影响的研究较少。现有的研究多集中在拉伸试验方面,但是受钢绞线几何形状所限,试验中钢绞线的应力-应变全曲线难以精确测量。国内对钢绞线线膨胀系数的研究大多集中在常温区段,仅有少数学者对金属材料在低温环境下的线膨胀系数进行了研究,而温度达到 -165 ℃的研究非常少,并且在温度达到 -165 ℃的研究中,没有涉及对钢绞线这一特定结构形式线膨胀系数的研究。国外虽然对金属材料低温及超低温条件下的线膨胀系数有较为深入的研究,温度也达到了 -165 ℃,但是其研究也没有涉及钢绞线这一特定结构形式。

如今,随着各国能源战略的调整,LNG 储罐建设的步伐也愈发加快。LNG 储罐设计的核心技术基本掌握在国外少数垄断企业中,我们必须加强对材料、构件、结构在超低温环境下力学性能的基础研究,以期建立一套比较完整的、我国独立的设计标准体系。

1.2.3　低温环境下混凝土材料力学性能的发展与研究

北极地区因储存了世界上约 13% 未被开采的石油和 30% 未被开采的天然气而受到广大石油和天然气行业的关注。用于在北极勘探石油和天然气的混凝土或钢筋 - 混凝土复合平台常年在温度低至 −70 ℃的恶劣环境中工作[23-24]。此外,LNG 已成为主要能源之一,越来越多的预应力混凝土(Precast Concrete,PC)容器和设施被建造并用于 LNG 的储存和运输。20 世纪 90 年代后,随着中国西藏和北方经济的快速发展,修建了越来越多的民用和工业用预应力混凝土建筑和设施,例如铁路桥、LNG 集装箱等。在这些寒冷地区,预应力混凝土结构的工作温度大约为 −50 ℃[25]。综上所述,这些钢筋混凝土结构在寒冷地区和 LNG 设施修建地区经常在临界低温下承载。由于目前关于低温环境下混凝土力学性能的研究十分缺乏,又因为混凝土的力学性能在低温条件下的改变会影响结构性能,因此研究混凝土在低温甚至超低温下的力学性能十分必要。

Lee 等[26]对混凝土在低温下的力学性能进行了试验研究,并与环境温度为 20 ℃时的力学性能进行了对比分析,试验结果表明,水灰比为 0.48 的混凝土抗压强度随温度的降低而提高,然而温度仍被限制在 −70 ~ 20 ℃。Yamane 等[27]在温度为 −195 ~ 10 ℃的条件下,研究了混凝土含水率对常重混凝土(Normal-Weight Concrete,NWC)力学性能的影响。然而,他们的研究仅仅关注了含水率对混凝土力学性能的影响。在 Yamane 等[27]试验研究的基础上,Han 等[28]还发现,混凝土的抗压强度一般随温度的降低而升高,但他们的试验是在 −50 ℃条件下进行的。Browne 等[29]发现,混凝土强度的提高主要取决于含水率。Kogbara 等[30]还发现低温对高水灰比混凝土强度提高的影响更为显著,并提出了孔隙模型来解释不同因素对混凝土力学性能的影响。综上所述,以往的研究表明,在低温环境下混凝土的力学性能因水结冰而得到改善。这些冰桥接了混凝土内部微裂缝以及填充了孔隙,从而增强了混凝土的密实度[31]。然而,这些研究大多只集中在一个或两个参数上,对凝固过程和微观结构变化的影响还未进行研究。此外,现有的设计公式只包含一个或两个参数。关于低温环境下的极限强度仍然存在争议。例如,Marshal[32]发现,当温度降到 −120 ℃时,混凝土的抗压强度达到最大值。因此,全面研究不同关键参数对混凝土抗压强度的影响,提出包含这些关键参数的设计公式,对预测混凝土在 −165 ℃低温环境下的抗压强度具有重要意义。

1.2.4　低温环境下钢筋 - 混凝土粘结滑移力学性能的发展与研究

在钢筋混凝土结构中,钢筋和混凝土这两种性质完全不同的材料之所以能够共同工作,主要是依靠钢筋与混凝土之间的粘结应力,即通过两者的粘结作用达到共同受力、共同变形的目的。钢筋与混凝土之间的粘结是混凝土结构性能最基本的性质之一,它们之间的粘结 - 滑移关系也是钢筋混凝土结构有限元分析中的最基本关系之一,粘结 - 滑移关系的正确性会直接影响分析结果的可靠性。影响钢筋 - 混凝土粘结性能的因素主要有钢筋品种、钢筋直径、混凝土对钢筋的保护层厚度、混凝土浇筑时钢筋位置及混凝土强度等。同时,相关研究表明,钢筋和混凝土的材料性能以及它们之间的粘结应力受温度影响显著。其中,混凝土材料的含水率是影响低温下钢筋与混凝土粘结性能的重要因素。

钢筋与混凝土之间的粘结应力是实现钢筋混凝土结构性能的最重要条件之一。Veen[33]早在 1987 年就对钢筋与混凝土在超低温(最低可达 -165 ℃)下的粘结性能进行了试验研究。Vandewalle[34] 分别在 20 ℃、-40 ℃、-80 ℃、-120 ℃和 -165 ℃的温度条件下,通过梁式试验对钢筋和混凝土的粘结性能进行了研究,得到不同养护条件下钢筋滑移量分别为 0.01 mm、0.1 mm 时的粘结应力 $\tau_{0.01}$、$\tau_{0.1}$ 及极限粘结强度 τ_u 随温度的变化曲线。研究结果表明,低温下两者的粘结性能有所提高;$\tau_{0.01}$ 与温度及养护条件并不明显相关,即当相对滑移量很小时,温度对钢筋与混凝土粘结性能的影响很小;而当相对滑移量较大时,如滑移量为 0.1 mm 极限破坏时,低温条件和混凝土含水率将对粘结应力和极限粘结强度产生不容忽视的影响,此时粘结应力随温度的降低而不断提高,温度低于 -120 ℃时才基本保持不变。不同的养护条件造成混凝土含水率的不同,含水率越大,则粘结应力 $\tau_{0.1}$ 和极限粘结强度 τ_u 值越大;低温对粘结性能的影响与其对混凝土抗压强度的影响相似,随着温度的降低,$\tau_{0.1}$ 和 τ_u 显著增大,在 -120 ℃左右的低温下达到最大值,此后不再随温度的降低而继续增大,而是粘结强度略有下降。这主要是由于在 -120 ℃的低温条件下冰的状态和结构发生改变,即硬度变软。日本学者三浦尚等 [35] 通过试验比较了低温和超低温环境下潮湿和干燥状态的钢筋与混凝土粘结强度,证明在其他条件相同的情况下,潮湿状态下的粘结强度高于干燥状态下的粘结强度。这也证明了含水率是影响钢筋与混凝土粘结性能的重要因素。同时,试验结果表明,随着粘结锚固长度的增加,钢筋与混凝土之间的粘结破坏荷载增大,但平均粘结应力减小,这与常温下钢筋与混凝土之间的粘结性能是一致的。试验还针对箍筋对钢筋 - 混凝土粘结强度的影响进行了专门研究 [35],结果表明,随着箍筋数量的增多,钢筋与混凝土之间的粘结强度有明显的提高,即由于箍筋作用使混凝土处于三向受力状态,抗拉强度得到提高,从而提高了粘结强度,这与带肋钢筋的粘结机理是一致的。由于混凝土的强度(抗压强度、抗拉强度)随温度的降低而提高,尤其是在含水率较高的情况下,强度提高更加显著 [36-43],因此可以定性地分析出,钢筋与混凝土的粘结性能随温度的降低而提高。Planas 等 [11]利用直径为 7 mm 的钢绞线对 -165 ~ 20 ℃温度下预应力混凝土锚固端的性能做了试验研究,结果表明:超低温环境下只要钢绞线的延性和锚固端的韧性足够,延性系数就能满足锚固端装配的要求;而拉伸钢筋的速度对最大荷载和伸长率影响不大,但对于锚固端破坏的位置有影响。国内学者对常温(20 ℃)下钢筋与混凝土之间的粘结性能研究得较为充分,而在低温环境下的研究相对较少,超低温时限于各种条件的影响研究更少。国内研究人员通过对常温下钢筋与混凝土粘结性能的试验研究 [44-46] 发现,带肋钢筋与混凝土的粘结锚固性能大致可分为三个阶段:微滑移段、滑移段和劈裂段。在微滑移段拉拔力较小,自由端无滑移,粘结力主要是钢筋和混凝土之间的化学胶结力;滑移段化学胶结力破坏,自由端出现滑移,摩阻力和机械咬合力起主要作用;劈裂段是粘结破坏阶段。同时,随着混凝土强度提高,粘结强度提高,粘结强度与混凝土抗拉强度呈正比变化。北京航空航天大学的黄达海等 [47] 分别在 15 ℃、0 ℃、-15 ℃和 -25 ℃的试验温度点选择三种不同直径(12 mm、14 mm、16 mm)的钢筋和三种不同强度等级(C20、C30、C40)的混凝土制作的钢筋混凝土试件,通过锚杆拉力计控制加载,进行中心直接拔出试验,得到各因素影响下的钢筋与混凝土的粘结 - 滑移曲线,结果指出,混凝土强度越高,三段式的特征越明显;强度越低,曲线越圆滑,分段越不明显。同时,随着混凝土强度提高,极限荷载值增大,粘结强度提高,但粘结强度与混凝土强度等级并不成正比;随着温度的降低,试件的极限荷载增大,粘结强度提高,0 ℃与 15 ℃相比、–15 ℃与 0 ℃相比,粘结强度都增加了约 2%,而从 –15 ℃到 –25 ℃,极限荷载提高了近 8%,则 –25 ℃相对于常温情况,粘结强度提高了约 12%;试验还指出,在相对锚固长度恒定的情况下,钢筋直径越大,极限荷载值越大,但平均粘结应力越小。王全凤[48]利用 DIANA 有限单元软件包对低温下钢筋与混凝土之间的粘结应力和滑移关系进行了数值分析,并与低温下相同试件拉拔试验的结果进行了比较。谢剑等[49-52]对低温环境下钢筋与混凝土的粘结性能进行了试验研究,并研究了冻融循环次数与温度对钢筋与混凝土粘结性能的影响。

综上,国内外对于钢筋混凝土结构在超低温状态下性能的试验研究目前较少,关于超低温环境下钢筋与混凝土粘结性能的研究更少,且过去已有的研究工作还有待进一步深化和完善。因此,需要进行大量的低温、超低温环境下的混凝土结构尤其是钢筋与混凝土粘结性能的试验研究,以期建立一套我国自己的独立、完整、系统的特殊环境下钢筋混凝土结构力学性能的标准体系。在以往研究工作的基础上,作者认为目前还应对关于钢筋与混凝土粘结性能的如下问题进行更为深入的研究:①钢筋与混凝土中心拉拔试验的加载方法及加载架;②不同参数对低温条件下钢筋与混凝土粘结锚固破坏特征和粘结性能的影响;③低温极限粘结强度的计算公式;④冻融温度和循环次数对钢筋与混凝土粘结性能退化的影响规律。

1.2.5　低温环境下普通及预应力混凝土梁受弯性能的发展与研究

预应力混凝土结构(图 1.3)是为克服混凝土抗拉性能弱这一缺陷,经人们长期实践而创造出来的一种具有很大发展潜力、性能优良的结构。从 1866 年美国工程师 P. H. Jackson 及 1888 年德国的 C. E. W. Dochring 率先把预应力应用于混凝土结构,到 1928 年法国工程师 E. Freyssinet 指出预应力混凝土必须采用高强钢材和高强混凝土,使得预应力混凝土技术进入实用阶段[53]。直至今天,经过 150 余年的发展研究,预应力混凝土结构已成为世界工程建设领域中的一种重要结构形式,广泛应用于土木、水利和交通工程建设中。

(a)　　　　　　　　　　　　　　　　　　　(b)

图 1.3　预应力混凝土结构

(a)预应力混凝土桥　(b)预应力混凝土储罐

目前,预应力混凝土结构越来越多地用于土木工程建筑物中,已延伸到低温和超低温领域。随着我国对清洁能源的推广和应用,建设了大量的LNG储罐。当LNG储罐发生泄漏时,外罐的主要作用是收集液体、气体泄漏物等。LNG的存储温度一般为−165 ℃左右,在泄漏工况下,要求预应力混凝土外罐罐壁能够承受超低温LNG对其结构性能的影响[54]。为了满足经济发展的要求,需要在寒冷地区进行大量土木工程建设,如我国东北、西北、华北等地区。通过气象观测记录可知,黑龙江省漠河地区最低温度曾达到−53.3 ℃[55]。青藏高原地属高寒地带,最低温度可达−45 ℃[23]。随着“冰上丝绸之路”倡议构想的提出,极地地区资源的开发和基础设施的建设迫在眉睫。但是,极地地区常年处于低温环境当中,由气象数据可知,年平均温度接近−60 ℃,历史最低温度达−89.2 ℃。作为一种重要的结构形式,预应力混凝土构件因其良好的抗裂性能,多被应用于低温和超低温以及冻融循环条件下。以上这些地区的结构需长期暴露在低温环境中,因此对预应力混凝土构件的结构性能提出了较高的要求。

现阶段,对预应力混凝土的研究一般集中在常温和高温火灾条件下,对低温和超低温以及冻融循环条件下预应力混凝土构件的研究虽有一定的成果,但仍旧存在不足。为了实现存储LNG、液氧、液氮等超低温液体储罐的设计自主化,以及满足在严寒地区进行工程建设和资源开采的需要,预应力混凝土结构需要能够承受超低温环境对其材料性能和结构性能的影响,但该部分研究较少,无法为工程建设提供指导。因此,超低温环境下预应力混凝土构件的结构性能研究以及超低温下设计方法的提出具有一定的理论与应用意义。国内外虽然对低温和超低温以及冻融循环条件下预应力混凝土结构的材料性能与结构性能有了一定的研究,但总体来讲,试验资料比较缺乏,理论及数值模拟的分析研究较少。可见,研究超低温环境下预应力混凝土梁的结构性能是十分必要的。

1. 国内外研究现状

以往的研究表明,建筑材料的力学性能随着温度的降低而变化,例如混凝土和钢材,随着温度从20 ℃下降至−160 ℃,混凝土的抗拉强度、抗压强度和弹性模量,钢筋的屈服强度和极限强度均有所提高[25, 56]。因此,这些材料性能的变化改善了由其制成的钢筋混凝土梁和预应力混凝土梁的结构性能。刘爽等[57]在不同温度水平(−180～20 ℃)下开展了6根钢筋混凝土梁试验,结果表明,随着温度的降低,试验梁开裂荷载、屈服强度和极限荷载均大幅度提高。Yan等[58]研究了12根钢筋混凝土梁在20 ℃、−40 ℃、−70 ℃及−100 ℃下的结构性能,结果表明,低温可以提高钢筋混凝土梁的承载能力,建立的非线性有限元模型可以较好地预测试验梁在低温下的力学性能。DeRosa等[59]研究了温度(最低降低至−20 ℃)对试验梁裂缝宽度、刚度、承载力以及短期徐变性能的影响,结果表明,随着温度的降低,裂缝宽度变小,抗剪承载力和极限承载力增加,刚度变化不大。Park等[60]采用基于应变的剪切强度模型分析方法预估了常温条件下预应力混凝土梁的抗剪强度,这种方法的基本假定是剪切力主要由横截面受压区混凝土来承担,通过试验和公式推导得出计算模型,该结果适用于普通混凝土梁和预应力混凝土梁。Mirzazadeh等[61]探究了4根足尺钢筋混凝土梁在环境温度为15 ℃和−25 ℃下的结构性能,试验结果表明,随着温度降低,试验梁的延性和极限承载能力得到大幅提高;温度为−25 ℃时,随着裂缝数量和深度的减小,试验梁的抗裂性能得到提高。El-Hacha等[62]分别在20 ℃、−28 ℃的温度条件下,通过使用预应力高强碳纤维

[9] 王元清,武延民,石永久,等. 低温对结构钢材主要力学性能影响的试验研究[J]. 铁道科学与工程学报,2005(1):1-4.

[10] 刘爽,顾祥林,黄庆华. 超低温下钢筋力学性能的试验研究[J]. 建筑结构学报,2008,29(S1):47-51.

[11] PLANAS J, CORRES H, ELICES M. Behaviour at cryogenic temperatures of tendon anchorages for prestressing concrete[J]. Materials & structures, 1988, 21:278-285.

[12] 郑文忠,胡琼,张昊宇. 高温下及高温后 1770 级 Φ^P5 低松弛预应力钢丝力学性能试验研究[J]. 建筑结构学报, 2006, 27(2):120-128.

[13] AJIMI W T, CHATAIGNER S, GAILLET L. Influence of low elevated temperature on the mechanical behavior of steel rebars and prestressing wires in nuclear containment structures[J]. Construction and building materials, 2017, 134:462-470.

[14] 陈志华,刘占省. 拉索线膨胀系数试验研究[J]. 建筑材料学报,2010,13(5): 626-631.

[15] 张建可. 钢丝绳低温热膨胀系数试验方法研究[J]. 低温工程,2012(3): 26-30.

[16] SUN Y F, TU Y J, JING S J, et al. Effect of temperature and composition on thermal properties of carbon steel[C]//Chinese Control and Decision Conference 2009. Guilin, 2009: 3756-3760.

[17] WATANABE H, YAMADA N, OKAJI M. Development of a laser interferometric dilatometer for measurements of thermal expansion of solids in the temperature range 300 to 1 300 K[J]. International journal of thermophysics, 2002, 23: 543-554.

[18] JAMES J D, SPITTLE J A, BROWN S G R, et al. A review of measurement techniques for the thermal expansion coefficient of metals and alloys at elevated temperatures[J]. Measurement science and technology, 2001, 12(3): R1-R15.

[19] 陆光间,秦永欣,李凤琴,等. 高强钢丝松弛试验研究及对松弛应力损失计算的建议[J]. 铁道学报,1988,2: 96-104.

[20] 顾万黎. 冷轧带肋钢筋应力松弛性能[J]. 建筑结构,1994,12: 34-37.

[21] ATIENZA J M, ELICES M. Role of residual stresses in stress relaxation of prestressed concrete wires[J]. Journal of materials in civil engineering, 2007, 19(8): 703-708.

[22] ZEREN A, ZEREN M. Stress relaxation properties of prestressed steel wires[J]. Journal of materials processing technology, 2003, 141(1): 86-92.

[23] GAUTIER D L, BIRD K J, CHARPENTIER R R, et al. Assessment of undiscovered oil and gas in the Arctic[J]. Science, 2009,324(5931):1175-1179.

[24] YAN J B, LIEW J Y R, ZHANG M H, et al. Mechanical properties of normal strength mild steel and high strength steel S690 in low temperature relevant to Arctic environment[J]. Materials and design, 2014,61:150-159.

[25] XIE J, LI X M, WU H H. Experimental study on the axial-compression performance of concrete at cryogenic temperatures[J]. Construction and building materials, 2014,72:380-388.

[26] LEE G C, SHIH T S, CHANG K C. Mechanical properties of concrete at low temperature[J].

Journal of cold regions engineering, 1988,2(1):13-24.

[27] YAMANE S, KASAMI H, OKUNO T. Properties of concrete at very low temperatures[C]// American Concrete Institute. Douglas McHenry international symposium on concrete and Concrete Structures. Detroit: 1978, SP.55: 207-222.

[28] HAN S M, IWAKI I, MIURA T. Influences of storage at very low temperatures on durability of concrete [in Japanese][J].Cement science concrete technology, 1999, 53:423-427.

[29] BROWNE R D, BAMFORTH P B. The use of concrete for cryogenic storage: a summary of research past and present[C]//First International Conference on Cryogenic Concrete. Newcastle: Concrete Society, 1981:135-166.

[30] KOGBARA R B, IYENGAR S R, GRASLEY Z C, et al. A review of concrete properties at cryogenic temperatures: towards direct LNG containment[J]. Construction and building materials, 2013,47:760-770.

[31] WIEDEMANN G. Temperaturen auf festigkeit und verformung von beton[D]. Free State of Saxony:Technical University of Braunschweig,1982.

[32] MARSHAL A L. Cryogenic concrete[J]. Cryogenics, 1982, 22(11):555-565.

[33] VEEN C V D. Bond stress-slip relationship at very low temperature, part I-experimental results[R]. Delft: Delft University of Technology, 1987.

[34] VANDEWALLE L. Bond between a reinforcement bar and concrete at normal and cryogenic temperatures[J]. Journal of materials science letters, 1989, 8: 147-149.

[35] 三浦尚, 長谷川明巧. 極低温下のおける鉄筋の重ね継ぎ手強度に関する研究[C]// 第 3 回コンクリート工学年次講演會講演論文集. 1981(3): 253-256.

[36] KRSTULOVIC O N. Liquefied natural gas storage: material behavior of concrete at cryogenic temperatures[J]. ACI structural journal, 2007, 104(3): 297-306.

[37] MIURA T. The properties of concrete at very low temperatures[J]. Materials and structures, 1989, 22: 243-254.

[38] MIURA T, LEE D H. Deterioration and some properties of concrete at low temperature[C]// Proceedings of Workshop on Low Temperature Effects on Concrete. Sapporo, 1988: 9-24.

[39] LAW B. LNG storage tanks: concrete in an ultra-cold environment[J]. Concrete construction, 1983, 28(6): 465-466.

[40] ROSTASY F S, SCHNEIDER U, WIEDEMANN G. Behavior of mortar and concrete at extremely low temperature[J]. Cement and concrete research, 1979, 9: 365-376.

[41] 三浦尚. 極低温下におけるコンクリートの特性[R]// コンクリート工学年次論文報告集. 1988, 10(1): 69-76.

[42] 三井健郎,米澤敏男,井上孝之.超高強度コンクリートの極低温環境下での力学特性に関する研究[R]// コンクリート工学年次論文報告集. 1997, 19(1): 175-180.

[43] 三浦尚,小島宏. 極低温の繰返しを受けたコンクリートの劣化に関する研究[C]// コンクリート工学年次講演会講演論文集. 1979(1):29-32.

[44] 徐有邻, 沈文都, 汪洪. 钢筋砼粘结锚固性能的试验研究[J]. 建筑结构学报, 1994, 15 (3): 26-37.

[45] 毛达岭, 刘立新, 范丽. HRB500 级钢筋粘结锚固性能的试验研究[J]. 工业建筑, 2004, 34(12): 67-69, 90.

[46] 胡玲, 杨勇新, 王全凤, 等. HRBF500 钢筋粘结锚固性能的试验研究[J]. 工业建筑, 2009, 39(11): 13-17.

[47] 黄达海, 辜熠. 低温下混凝土中钢筋锚固性能的试验研究[J]. 建筑科学, 2007, 23(9): 51-54.

[48] 王全凤. 钢筋混凝土低温下粘结和滑移的数值分析[J]. 华侨大学学报(自然科学版), 1992, 13(2): 210-217.

[49] 李会杰, 谢剑. 超低温环境下钢筋与混凝土的粘结性能[J]. 工程力学, 2011, 28(S1): 80-84.

[50] 谢剑, 李会杰, 聂治盟, 等. 低温下钢筋与混凝土黏结性能的试验研究[J]. 土木工程学报, 2012, 45(10): 31-40.

[51] 谢剑, 魏强, 李会杰. 超低温冻融循环下钢筋与混凝土的黏结性能[J]. 天津大学学报(自然科学与工程技术版), 2013, 46(11): 1012-1018.

[52] 谢剑, 李海瑞, 李会杰. 超低温下钢筋与混凝土粘结性能试验研究[J]. 冰川冻土, 2014, 36(3): 626-631.

[53] 刘岩. 预应力混凝土结构发展综述[J]. 混凝土与水泥制品, 2008(3): 52-55.

[54] KANBUR B B, XIANG L M, DUBEY S, et al. Cold utilization systems of LNG: a review [J]. Renewable and sustainable energy reviews, 2017, 79: 1171-1188.

[55] QIAO Y, WANG H F, CAI L C, et al. Influence of low temperature on dynamic behavior of concrete[J]. Construction building materials, 2016, 115: 214-220.

[56] YAN J B, XIE J. Experimental studies on mechanical properties of steel reinforcements under cryogenic temperatures[J]. Construction and building materials, 2016, 151: 661-672.

[57] 刘爽, 黄庆华, 顾祥林, 等. 超低温下钢筋混凝土梁受弯承载力研究[J]. 建筑结构学报, 2009, 30(S2): 86-91.

[58] YAN J B, XIE J. Behaviours of reinforced concrete beams under low temperatures[J]. Construction and building materials, 2017, 141: 410-425.

[59] DEROSA D, HOULT N A, GREEN M F. Effects of varying temperature on the performance of reinforced concrete[J]. Materials and structures, 2015, 48: 1109-1123.

[60] PARK H G, KANG S, CHOI K K. Analytical model for shear strength of ordinary and prestressed concrete beams[J]. Engineering structures, 2013, 46: 94-103.

[61] MIRZAZADEH M M, NOEL M, GREEN M F. Effects of low temperature on the static behaviour of reinforced concrete beams with temperature differentials[J]. Construction and building materials, 2016, 112: 191-201.

[62] EL-HACHA R, WIGHT R G, GREEN M F. Prestressed carbon fiber reinforced polymer

sheets for strengthening concrete beams at room and low temperatures[J]. Journal of composites for construction, 2004, 8(1): 3-13.

[63] 黑龙江省低温建筑科学研究所. 钢筋在低温下的性能及应用[R]// 钢筋混凝土结构研究报告选集. 北京: 1985: 87-103.

[64] XIE J, CHEN X, YAN J B, et al. Ultimate strength behavior of prestressed concrete beams at cryogenic temperatures[J]. Materials and structure, 2017, 50: 81.

[65] 刘天成. 无粘结部分预应力混凝土简支梁非线性有限元分析[D]. 哈尔滨:东北林业大学,2004.

[66] 张波. 预应力高强混凝土梁受力的非线性有限元分析[D]. 郑州:华北水利水电学院,2007.

[67] AYOUB A, FILIPPOU F C. Finite-element model for pretensioned prestressed concrete girders[J]. Journal of structural engineering, 2010, 136(4): 401-409.

[68] 谢奕欣. 无粘结预应力混凝土梁的非线性分析[D]. 长沙:湖南大学,2008.

[69] YAPAR O, BASU P K, NORDENDALE N. Accurate finite element modeling of pretensioned prestressed concrete beams[J]. Engineering structures, 2015, 101: 163-178.

[70] MERCAN B, SCHULTZ A E, STOLARSKI H K. Finite element modeling of prestressed concrete spandrel beams[J]. Engineering structures, 2010, 32(9): 2804-2813.

[71] LOU T J, LOPES S M R, LOPES A V. A finite element model to simulate long-term behavior of prestressed concrete girders[J]. Finite elements in analysis design, 2014, 81: 48-56.

[72] DAI L Z, WANG L, ZHANG J R. A global model for corrosion-induced cracking in prestressed concrete structures[J]. Engineering failure analysis, 2016, 62: 263-275.

[73] 魏强. 超低温下钢筋混凝土梁受弯性能的试验研究及有限元分析[D]. 天津:天津大学,2014.

[74] 雷光成. 超低温下无粘结预应力混凝土梁受弯性能试验研究[D]. 天津:天津大学, 2014.

[75] 赵雪绮. 超低温环境下预应力混凝土梁结构性能研究[D]. 天津:天津大学, 2018.

[76] 清华大学抗震抗爆工程研究室. 清华大学抗震抗爆工程研究室科研报告集[M]. 北京:清华大学出版社,1996.

[77] CHAN W W L. The ultimate strength and deformation of plastic hinges in reinforced concrete frameworks[J]. Magazine of concrete research, 1955, 7(21): 121-132.

[78] ROTHE D H, SOZEN M A. A SDOF model to study nonlinear dynamic response of large- and small-scale r/c test structures[R]. Civil Engineering Studies, Structural Research Series No. 512. Urbana: University of Illinois, 1983.

[79] KENT D C, PARK R. Flexural members with confined concrete[J]. Journal of the structural division ASCE, 1990, 97: 1969-1990.

[80] BRESLER B, GILBERT P H. Tie requirements for reinforced concrete columns[J]. Journal of ACI, 1961,58(11): 555-570.

[81] SHEIKH S A. A comparative study of confinement models[J]. Journal of the American con-

crete institute，1982，79（4）：296-306.

[82] SHEIKH S A，UZULNERI S M. Analytical model for concrete confinement in tied columns[J]. Journal of the structural division ASCE，1982，108（12）: 2703-2722.

[83] MANDER J，PRIESTLEY M. Theoretical stress-strain model for confined concrete[J]. Journal of structural engineering，1988，114（8）：1804-1826.

[84] SAATCIOGL U M，RAZVI S R. Strength and ductility of confined concrete[J]. Journal of structural engineering ASCE，1992，118（6）：1590-1607.

第 2 章　低温环境下钢筋及钢绞线力学性能研究

2.1　低温环境下钢筋的力学性能

在常温环境下,钢筋是高强、匀质、具有良好塑性和韧性的理想建筑材料。在超低温环境下,钢筋的力学性能与常温下有所不同,易发生脆性破坏。本节主要研究 LNG 储罐中采用的热轧钢筋 HRB335、HRB400 和特种低温钢筋(SLTS)。对于每种钢筋,设置了 7 个温度点(20 ℃、-40 ℃、-80 ℃、-100 ℃、-120 ℃、-140 ℃和 -165 ℃),共 21 组试样。根据不同温度下钢筋拉伸应力 - 应变曲线、屈服强度、极限强度、弹性模量、断裂应变和断面收缩率等指标的变化,探究不同钢筋在不同温度下的性能特征。此外,本节对试验结果进行了回归分析,得到了低温环境对钢筋力学性能的影响规律。

2.1.1　试验研究

1. 试样信息

本试验选用了在寒冷地区工程建设和 LNG 储罐中广泛使用的 3 种具有代表性的钢筋类型,即 HRB335、HRB400 和 SLTS。HRB335、HRB400 和 SLTS 的化学成分见表 2.1。对于每种类型的钢筋,在 7 个温度点下共设置了 21 组试样,且每个温度点下设置 3 个平行试件,即共设置了 63 个试件。所有试件均按照《金属材料 拉伸试验 第 3 部分:低温试验方法》(GB/T 228.3—2019)[1] 和《金属材料 拉伸试验 第 1 部分:室温试验方法》(GB/T 228.1—2010)[2] 设计,如图 2.1 所示。

表 2.1　3 种钢筋的化学成分

钢筋种类	C/%	Si/%	Mn/%	P/%	S/%	Ceq/%
HRB335	0.25	0.44	1.52	0.011	0.035	0.47
HRB400	0.24	0.49	1.48	0.022	0.024	0.50
SLTS	0.092	0.24	1.58	0.007	0.008	0.42

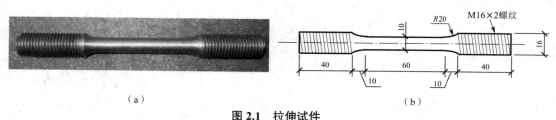

（a）　　　　　　　　　　　　　　　　　（b）

图 2.1　拉伸试件

（a）试件实物图　（b）试件尺寸

2. 试验装置

本试验采用了具有自动控制系统的低温环境箱提供低温环境,如图 2.2(a)所示。液氮通过电磁阀注入环境箱,环境箱内的几个风扇与阀门一起工作,使低温均匀分布。4 个温度传感器安装在箱内以监测不同位置的温度,通过控制液氮的流入速率来控制降温速率。为营造稳定的低温环境,箱体四周采取保温措施[3]。

如图 2.2(b)所示,所有试验均在 100 t MTS 试验机上进行,采用位移控制,控制速率参考了 ASTM A370-13[4]。试验设置了 7 个温度等级,即 20 ℃、-40 ℃、-80 ℃、-100 ℃、-120 ℃、-140 ℃和 -165 ℃,试件通过一对螺纹拉伸夹具连接,并安装在 100 t MTS 试验机框架上,试件安装好后开始降温。为了监测不同位置的温度,在环境箱内不同位置固定了 3 个 PT100 型温度传感器。在降温过程中,试件没有被完全约束以释放收缩,达到目标温度后,进行拉伸试验。利用试验机下部的拉力传感器测量拉力值,利用 2 个贴在试件中间区域两侧的应变片测量应变,利用引伸计测量试件变形,各测量数据均通过数据采集系统记录。

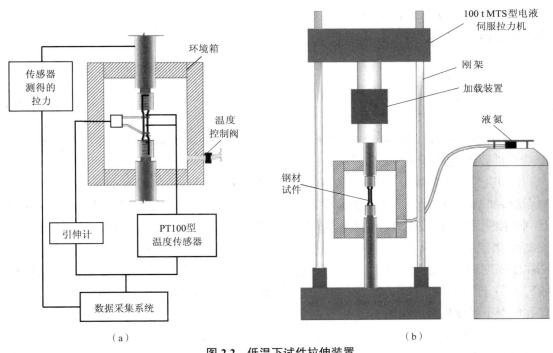

（a）　　　　　　　　　　　　　　　　　　　　（b）

图 2.2　低温下试件拉伸装置

（a）低温环境箱　（b）试件拉伸装置

2.1.2　试验结果和分析讨论

本节的分析对象包括应力 - 应变曲线(σ-ε 曲线)、弹性模量(E_s)、屈服强度(f_y)、极限强度(f_u)、强屈比($R = f_u/f_y$)、断后伸长率(δ)和断面收缩率(ψ)。屈服强度和极限强度根据 ASTM A370-13 中规定的应力 - 应变曲线确定。其中,对于有明显屈服点的曲线,利用自动绘图法确定屈服强度;对于没有明显屈服点的曲线,按照 ASTM A370-13 中的规定,将残余应变为 0.2% 对应的强度作为屈服强度,具体如图 2.3 所示。

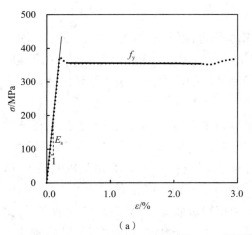
(a)

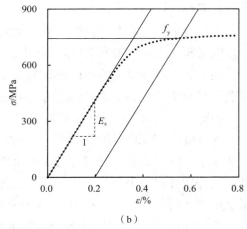
(b)

图 2.3　弹性模量和屈服强度确定方法

(a)应力 - 应变全曲线确定屈服强度　(b)0 < ε < 0.8% 范围内局部曲线(用来确定弹性模量)

通常使用断后伸长率(δ)和断面收缩率(ψ)来反映钢筋的塑性,较大的δ、ψ往往意味着较强的韧性,其具体计算公式如下:

$$\delta = \frac{L_u - L_0}{L_0} \tag{2.1}$$

$$\psi = \frac{A_0 - A_u}{A_0} \tag{2.2}$$

其中,L_u为破坏后的长度(mm);L_0为试件原始长度(mm);A_u为破坏后的截面面积(mm²);A_0为试件原始截面面积(mm²)。

(1)应力 - 应变曲线。热轧钢筋 HRB335 和 HRB400 的应力 - 应变曲线具有明显的屈服台阶,如图 2.4 所示。应力首先线性增加到屈服点,然后进入屈服平台,最后经强化阶段达到极限强度,在极限强度之后发生颈缩、断裂,最终失去强度。低温钢筋 SLTS 的应力 - 应变曲线没有屈服平台,在不同温度下其变化趋势与 HRB335、HRB400 较接近。图 2.4 也表明屈服强度和极限强度均随着试验温度的降低而提高,但延性随着试验温度的降低而降低。研究表明,随着温度的降低,钢筋中原子间的距离减小,从而导致原子间的引力增大,这是钢筋在低温下强度提高的原因。

(2)弹性模量 E_s、屈服强度 f_y 和极限强度 f_u。表 2.2 列出了 63 个试件的弹性模量、屈服强度、极限强度指标。图 2.5(a)为弹性模量随温度变化的散点图,表明当温度从 20 ℃降至 −165 ℃时,HRB335 和 HRB400 的弹性模量有所增加,增幅分别为 9% 和 2%,HRB335 和 HRB400 的弹性模量 E_s 与温度 T 的相关系数分别仅为 0.10 和 0.11,这意味着 E_s 与 T 的相关性较弱,即温度对弹性模量的影响可以忽略。图 2.5(a)也表明,SLTS 的 E_s 随着 T 从 20 ℃降至 −165 ℃平均减小了 6%,E_s 与 T 之间的相关系数仅为 0.10,这意味着 T 对 E_s 的影响十分有限,可以被忽略。图 2.5(b)和(c)给出了温度 T 对不同类型钢筋的屈服强度 f_y 和极限强度 f_u 的影响。从图中可以看出,HRB335、HRB400 和 SLTS 的屈服强度和极限强度都随着温度的降低而提高,随着温度从 20 ℃降至 −165 ℃,HRB335、HRB400 和 SLTS 的屈服强度平均值分别提高了 23%、14% 和 18%，HRB335、HRB400 和 SLTS 的极限强度分别提高了 17%、14% 和 23%。图 2.5（b）和（c）也表明，屈服强度和极限强度与温度呈现高度相关，HRB335、HRB400 和 SLTS 的 f_y（或 f_u）与 T 的相关系数分别为 0.93（0.95）、0.85（0.97）和 0.81（0.95），相关系数较高意味着温度对这三种类型钢筋的屈服强度和极限强度的影响很大。

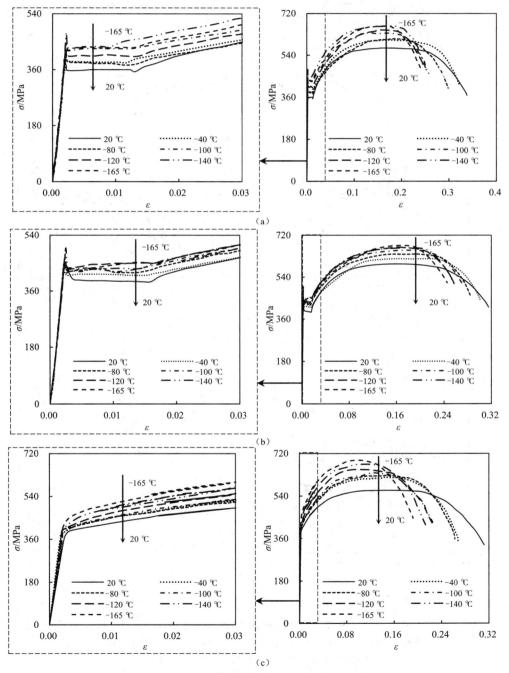

图 2.4　不同钢筋在低温下的应力 - 应变曲线

（a）HRB335　（b）HRB400　（c）SLTS

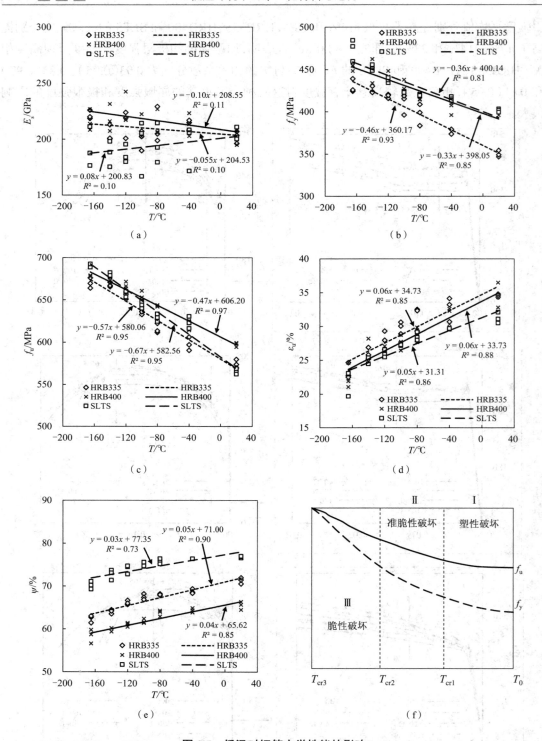

图 2.5　低温对钢筋力学性能的影响

（a）温度对 E_s 的影响　（b）温度对 f_y 的影响　（c）温度对 f_u 的影响　（d）温度对 ε_u 的影响
（e）温度对 ψ 的影响　（f）温度对 f_y 和 f_u 影响的说明

（3）极限应变 ε_u 和断面收缩率 ψ。表 2.2 列出了钢筋的极限应变和断面收缩率。图 2.5（d）和（e）分别描述了低温对极限应变和断面收缩率的影响。随着温度降低，HRB335、HRB400 和 SLTS 的极限应变和断面收缩率均明显减小。以 HRB335 钢筋为例，随着温度从 20 ℃降至 -40 ℃、-80 ℃、-100 ℃、-120 ℃、-140 ℃和 -165 ℃，极限应变分别平均减少了 5%、9%、14%、19%、25% 和 33%。随着温度从 20 ℃降至 -165 ℃，HRB335、HRB400 和 SLTS 的极限应变分别降低了 33%、34% 和 30%。同时，断面收缩率也随着温度的降低而降低。从图 2.5（e）和表 2.2 中可以看出，HRB335、HRB400 和 SLTS 的断面收缩率平均分别减少了 13%、11% 和 9%。此外，当 $-80\ ℃ \leqslant T \leqslant 20\ ℃$ 时，HRB335、HRB400、SLTS 的极限应变（断面收缩率）分别下降了 9%（5%）、17%（3%）和 9%（1%）；当 $-165\ ℃ \leqslant T \leqslant -80\ ℃$ 时，极限应变（断面收缩率）分别下降了 24%（8%）、17%（8%）和 21%（8%），这表明更低的温度区间会造成更大的延性损失。

表 2.2　拉伸试样信息和试验结果

编号	T/℃	d_0/mm	A_0/mm²	E_s/GPa	$\overline{E}_s$/GPa	ε_u/%	$\overline{\varepsilon}_u$/%	A_u/mm²	ψ/%	$\overline{\psi}$/%	f_u/MPa	$\overline{f}_u$/MPa	f_y/MPa	$\overline{f}_y$/MPa
A-1-1	20	10.00	78.5	196.2		34.80		23.1	70.6		573.8		346.9	
A-1-2	20	10.01	78.7	206.8	202.1	34.62	34.6	22.5	71.5	71.4	569.7	574.4	354.5	350.3
A-1-3	20	10.00	78.5	203.4		34.36		22.0	72.0		579.7		349.4	
A-2-1	-40	10.01	78.7	214.7		33.22		24.7	68.6		590.5		373.9	
A-2-2	-40	9.99	78.4	216.7	213.1	30.69	32.7	24.7	68.4	68.8	597.1	597.9	373.7	375.6
A-2-3	-40	9.99	78.4	207.9		34.13		24.0	69.4		606.2		379.3	
A-3-1	-80	9.98	78.2	229.0		32.53		24.9	68.2		611.6		383.5	
A-3-2	-80	10.00	78.5	204.7	210.8	32.33	31.4	25.2	67.9	68.0	613.4	615.8	399.2	397.2
A-3-3	-80	9.98	78.2	198.7		29.31		25.0	68.0		622.3		408.8	
A-4-1	-100	9.98	78.2	202.3		28.91		24.9	68.2		636.2		396.3	
A-4-2	-100	9.99	78.4	207.0	199.7	30.64	29.9	25.5	67.4	67.5	632.8	635.0	415.5	410.3
A-4-3	-100	9.98	78.2	189.7		30.07		25.9	66.9		636.0		419.0	
A-5-1	-120	9.99	78.4	223.8		29.32		26.1	66.7		656.8		420.6	
A-5-2	-120	10.00	78.5	218.9	214.4	27.98	28.0	27.0	65.7	66.1	650.9	655.7	416.1	418.8
A-5-3	-120	9.98	78.2	200.6		26.63		26.6	66.0		659.3		419.6	
A-6-1	-140	9.99	78.4	200.3		25.82		27.8	64.5		671.0		423.9	
A-6-2	-140	10.01	78.7	212.7	204.6	25.19	26.0	28.7	63.5	64.1	665.5	667.8	423.0	425.8
A-6-3	-140	10.00	78.5	200.8		26.92		28.1	64.2		667.0		430.4	
A-7-1	-165	9.97	78.1	225.8		22.75		29.1	62.7		676.2		439.4	
A-7-2	-165	9.99	78.4	218.4	221.3	22.53	23.3	30.2	61.4	62.4	664.0	669.9	424.6	430.0
A-7-3	-165	9.99	78.4	219.8		24.66		29.0	63.0		669.6		426.0	
B-1-1	20	10.00	78.5	207.7		32.80		26.4	66.4		599.4		396.1	
B-1-2	20	10.01	78.7	202.7	201.8	36.49	34.5	27.0	65.7	65.5	598.6	597.5	399.2	398.4
B-1-3	20	9.99	78.4	194.9		34.30		27.8	64.5		594.6		400.0	

编号	T /℃	d_0 /mm	A_0 /mm²	E_s /GPa	$\bar{E}_s$ /GPa	ε_u /%	$\bar{\varepsilon}_u$ /%	A_u /mm²	ψ /%	$\bar{\psi}$ /%	f_u /MPa	$\bar{f}_u$ /MPa	f_y /MPa	$\bar{f}_y$ /MPa
B-2-1	-40	9.97	78.1	223.1		32.29		27.4	64.9		625.5		407.6	
B-2-2	-40	9.99	78.4	213.3	213.0	30.31	31.7	27.9	64.4	64.4	624.2	621.3	410.2	404.6
B-2-3	-40	10.00	78.5	202.7		32.61		28.3	63.9		614.2		396.1	
B-3-1	-80	9.97	78.1	226.7		29.86		27.9	64.3		644.0		421.8	
B-3-2	-80	9.99	78.4	206.4	212.9	28.59	28.7	29.1	62.9	63.7	642.0	642.8	415.2	417.2
B-3-3	-80	9.99	78.4	205.7		27.71		28.2	64.0		642.3		414.5	
B-4-1	-100	10.02	78.9	275.6		28.74		29.6	62.4		650.0		427.4	
B-4-2	-100	10.00	78.5	222.2	233.4	27.78	27.7	30.1	61.6	61.8	660.8	654.6	438.1	428.9
B-4-3	-100	10.01	78.7	202.4		26.47		30.4	61.4		652.9		421.3	
B-5-1	-120	9.99	78.4	218.4		26.49		30.3	61.4		663.7		436.3	
B-5-2	-120	9.99	78.4	242.4	225.9	25.91	26.5	30.5	61.1	61.0	666.2	667.2	448.5	442.2
B-5-3	-120	9.98	78.2	217.0		27.11		30.9	60.5		671.6		441.7	
B-6-1	-140	9.97	78.1	207.2		25.40		31.7	59.4		676.2		462.4	
B-6-2	-140	9.97	78.1	231.4	218.1	25.37	26.3	31.1	60.2	59.7	673.3	672.9	453.2	449.9
B-6-3	-140	9.99	78.4	215.8		28.21		31.8	59.4		669.1		434.1	
B-7-1	-165	9.99	78.4	208.3		21.96		31.5	59.8		677.7		448.5	
B-7-2	-165	10.00	78.5	226.7	216.2	21.09	22.6	34.1	56.6	58.4	678.1	678.3	454.6	452.7
B-7-3	-165	9.99	78.4	213.6		24.62		32.4	58.7		679.1		455.1	
C-1-1	20	10.00	78.5	201.8		30.5		18.4	76.6		566.6		403.5	
C-1-2	20	10.00	78.5	210.7	204.2	31.1	31.2	18.2	76.9	76.8	568.9	566.0	401.9	401.7
C-1-3	20	10.00	78.5	200.2		32.1		18.0	77.0		562.5		399.6	
C-2-1	-40	9.97	78.1	171.5		29.6		18.4	76.4		622.7		418.0	
C-2-2	-40	9.98	78.2	208.1	195.1	29.7	29.7	18.4	76.4	76.4	616.3	623.2	415.4	415.7
C-2-3	-40	9.99	78.4	205.7		29.7		18.5	76.4		630.6		413.6	
C-3-1	-80	9.99	78.4	214.3		28.4		18.5	76.4		633.4		420.6	
C-3-2	-80	9.99	78.4	192.6	195.4	28.0	28.5	19.1	75.6	75.7	624.5	629.0	418.8	419.6
C-3-3	-80	9.97	78.1	179.3		29.2		19.4	75.2		629.1		419.5	
C-4-1	-100	9.97	78.1	166.6		27.5		19.8	74.6		640.1		423.5	
C-4-2	-100	9.99	78.4	205.0	195.2	27.2	27.3	19.1	75.6	75.0	647.9	644.0	424.3	423.6
C-4-3	-100	9.99	78.4	214.1		27.3		19.8	74.7		643.9		423.0	
C-5-1	-120	9.98	78.2	195.4		25.9		21.3	72.8		652.7		434.6	
C-5-2	-120	9.98	78.2	179.9	186.4	26.6	26.0	20.0	74.5	74.0	653.5	655.4	437.8	437.6
C-5-3	-120	9.99	78.4	183.9		25.5		19.8	74.7		660.1		440.5	
C-6-1	-140	9.98	78.2	198.0		25.4		22.4	71.4		677.8		450.9	
C-6-2	-140	9.99	78.4	188.3	187.2	24.5	24.8	20.6	73.7	72.7	682.3	679.7	455.8	451.9
C-6-3	-140	9.98	78.2	175.2		24.5		21.1	73.1		678.9		449.0	

编号	T /℃	d_0 /mm	A_0 /mm²	E_s /GPa	$\overline{E}_s$ /GPa	ε_u /%	$\overline{\varepsilon}_u$ /%	A_u /mm²	ψ /%	$\overline{\psi}$ /%	f_u /MPa	$\overline{f}_u$ /MPa	f_y /MPa	$\overline{f}_y$ /MPa
C-7-1	-165	9.99	78.4	187.6		23.0		22.7	71.1		688.8		459.7	
C-7-2	-165	9.99	78.4	176.4	191.7	19.7	21.9	23.4	70.2	70.2	710.1	697.2	484.6	473.9
C-7-3	-165	10.00	78.5	211.1		23.1		24.1	69.3		692.6		477.5	

注：T 为环境温度；d_0 为直径；A_0 为初始截面面积；A_u 为断裂后截面面积；ε_u、$\overline{\varepsilon}_u$ 分别为极限应变和平均极限应变；E_s、$\overline{E}_s$、f_y、$\overline{f}_y$、f_u、$\overline{f}_u$ 分别为弹性模量、平均弹性模量、屈服强度、平均屈服强度、极限强度、平均极限强度；ψ、$\overline{\psi}$ 分别为断面收缩率和平均断面收缩率。

2.1.3　回归分析

图 2.5（f）为低温对钢筋屈服强度 f_y 和极限强度 f_u 的一般影响[5]，可以看出，随着温度的降低，屈服强度和极限强度均降低，且屈服强度降低速度快于极限强度。这两条曲线的交点是塑性为零的极限温度 T_{cr3}。图 2.5（f）中温度对钢筋屈服强度 f_y 和极限强度 f_u 的影响可以表示为

$$f_{yT} = f_{ya}e^{\alpha(1/T_0 - 1/T)} \tag{2.3}$$

$$f_{uT} = f_{ua}e^{\beta(1/T_0 - 1/T)} \tag{2.4}$$

其中，f_{ya}、f_{yT} 分别为常温下和低温 T 下的屈服强度（MPa）；f_{ua}、f_{uT} 分别为常温下和低温 T 下的极限强度（MPa）；T_0 为常温温度（℃）；α、β 分别为屈服强度、极限强度的灵敏度系数，系数 α 和 β 可以表示为

$$\beta = \alpha \frac{\lg(f_0 / f_{uT})}{\lg(f_0 / f_{yT})} \tag{2.5}$$

由于钢筋的断裂强度 f_0 与温度无关，故式（2.5）可进一步简化为

$$\beta = C\alpha \tag{2.6}$$

其中，C 为常数。文献 [5] 指出，该常数是由钢筋在室温下的屈服强度 f_{ya} 决定的，适用于普通钢筋和低碳钢，α 通常大于 90/K。

式（2.3）和式（2.4）中温度的单位均为 K，不便于工程应用。基于前人的研究[5]，可以将两式进一步简化为

$$f_{yT} = f_{ya}e^{A(T_0 - T)} \tag{2.7}$$

$$f_{uT} = f_{ua}e^{B(T_0 - T)} \tag{2.8}$$

其中，A、B 为根据试验结果确定的常数（1/℃）。与前述相似，A 与 B 存在如下关系：

$$B = kA \tag{2.9}$$

其中，k 为常数，可通过钢筋试样在不同温度下的试验结果确定。

根据表 2.2 所列试验结果，由于本试验侧重于低温研究，选取 -100 ℃、-120 ℃、-140 ℃、-165 ℃这 4 个温度点进行试验分析，通过数据处理，得到 α、β、C、A、B 和 k 的平均值列于表 2.3 中，并提出了基于常温屈服强度和极限强度预测的低温屈服强度和极限强度的建议计算公式（式（2.10）至式（2.13））。

图 2.6 表明,随着温度从 20 ℃ 降至 -165 ℃,钢筋截面存在不同的断裂形式,断裂面从韧性破坏转为脆性破坏,断裂形式变化的阈值温度为 -80 ℃。

表 2.3   回归分析的系数

钢筋种类	T /℃	α /(1/K)	β /(1/K)	C	A /(1/℃)	B /(1/℃)	k
HRB335	-100	66.78	42.37	0.634	0.001 3	0.000 8	0.634
	-120	57.19	42.39	0.741	0.001 3	0.000 9	0.741
	-140	47.54	36.69	0.772	0.001 2	0.000 9	0.772
	-165	35.06	26.31	0.750	0.001 1	0.000 8	0.750
	平均值	51.64	36.94	0.724	0.001 2	0.000 9	0.724
HRB400	-100	31.16	38.55	1.237	0.000 6	0.000 8	1.237
	-120	33.4	35.33	1.058	0.000 7	0.000 8	1.058
	-140	29.61	28.94	0.978	0.000 8	0.000 7	0.978
	-165	21.86	21.7	0.993	0.000 7	0.000 7	0.993
	平均值	29.01	23.62	1.067	0.000 7	0.000 7	1.067
SLTS	-100	22.42	54.53	2.432	0.000 4	0.001 1	2.432
	-120	27.41	46.96	1.713	0.000 6	0.001 0	1.713
	-140	28.68	44.58	1.555	0.000 7	0.001 1	1.555
	-165	28.27	35.66	1.261	0.000 9	0.001 1	1.261
	平均值	26.70	45.43	1.740	0.000 7	0.001 1	1.740

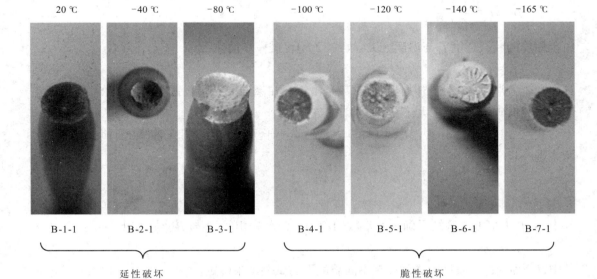

| 20 ℃ | -40 ℃ | -80 ℃ | -100 ℃ | -120 ℃ | -140 ℃ | -165 ℃ |

B-1-1   B-2-1   B-3-1   B-4-1   B-5-1   B-6-1   B-7-1

延性破坏   脆性破坏

图 2.6   钢筋在低温下的断裂面

$$f_{yT} = \begin{cases} f_{ya}e^{51.64(1/T_0 - 1/T)} & \text{HRB335} \\ f_{ya}e^{29.01(1/T_0 - 1/T)} & \text{HRB400} \\ f_{ya}e^{26.70(1/T_0 - 1/T)} & \text{SLTS} \end{cases} \qquad (2.10)$$

2.1.4　结论

本节对 HRB335、HRB400 和 SLTS 钢筋在低温下的力学性能进行了试验研究和分析。通过对 63 个试样在 -165 ~ 20 ℃进行拉伸试验,提出了低温下屈服强度和极限强度的预测公式,基于试验结果和分析,得出以下结论。

（1）随着温度从 20 ℃降至 -165 ℃,钢筋的屈服强度和极限强度提高,但延性降低。

（2）对于 HRB335、HRB400 和 SLTS 钢筋,低温对其弹性模量的影响不显著;当温度从 20 ℃降至 -165 ℃时,屈服强度和极限强度均有所提高,提高幅度取决于钢筋的类型。HRB335、HRB400 和 SLTS 钢筋的屈服强度平均分别提高了 23%、14% 和 18%,HRB335、HRB400 和 SLTS 钢筋的极限强度平均分别提高了 17%、14% 和 23%。

（3）随着温度从 20 ℃降至 -165 ℃,HRB335、HRB400 和 SLTS 钢筋的 ε_u 分别降低了 33%、34% 和 30%,ψ 分别平均降低了 13%、11% 和 9%。ε_u 和 ψ 的降低说明了低温下钢筋的延性会降低。

（4）试件断口显示,随着温度从 20 ℃降至 -165 ℃,破坏由延性模式转变为脆性模式。在试验中,破坏模式从延性变为脆性的临界温度为 -80 ℃。

（5）通过回归分析预测了 HRB335、HRB400 和 SLTS 钢筋在低温下的屈服强度和极限强度,提出了预测低温下钢筋屈服强度的式（2.10）和式（2.12）以及预测低温下钢筋极限强度的式（2.11）和式（2.13）,通过 63 个拉伸试验结果验证了公式的准确性。

（6）试验和分析结果仅限于被测的 HRB335、HRB400 和 SLTS 钢筋,温度范围限制在 -165 ~ 20 ℃。另外,对这些钢筋在低温下的断裂行为还需要进行更深入的研究。

2.2　低温环境下钢绞线的力学性能

2.2.1　超低温环境下钢丝力学性能试验研究

1. 试样信息

本次试验采用的钢丝由强度等级为 1 860 MPa 的七芯钢绞线的芯线切割而来,长度为 250 mm,钢丝的直径为 5.2 mm,且所有试样均取自同一根钢绞线,钢绞线端头加大,便于试验锚固。试验所考虑的温度点为 20 ℃、-40 ℃、-70 ℃、-100 ℃、-120 ℃、-140 ℃和 -160 ℃。试件共有 21 根,根据温度分为 A ~ G 共 7 组,每组 3 根,以 A 组为例,编号分别为 A-1、A-2 和 A-3。钢丝的化学成分见表 2.5。

表 2.5　钢丝的化学成分　　　　　　　　　　　　　　　单位:%

C	Si	Mn	P	S	Cr	Ni	Cu	V
0.801	0.227	0.75	0.009	0.006	0.248	0.014	0.012	0.003

2. 试验装置

本试验在天津大学材料学院力学实验室进行,采用 100 t MTS 试验机,精度为 0.01 kN,如图 2.9 所示。高强钢丝的设计目标温度点包括 20 ℃、-40 ℃、-70 ℃、-100 ℃、-120 ℃、-140 ℃和 -160 ℃。为了模拟低温环境,使用了带有自动控制系统的环境箱,该环境箱温度可低至 -190 ℃,利用集成系统控制降温速率,到达目标温度后持温。在拉伸试验中,液氮通过控制电磁阀喷入冷却室,使试样温度降至目标温度。为准确监测环境箱内温度,在环境箱不同位置放置了温度传感器,温度传感器与电磁阀协同工作,通过控制液氮的注入速度来控制降温和持温,其中试验机与环境箱连接处采取保温措施以减少冷量散失。试样两端通过锚具连接至 100 t MTS 试验机,顶部锚具随试验机向上移动,为试件提供拉力。当环境箱内温度达到目标温度时,持温 15 min,温度波动控制在 ±1 ℃以内,以确保试验在稳态下进行。持温结束后进行拉伸试验,根据 ASTM A370-13 确定加载速率,本试验在钢丝中部区域布置两个应变片以测量钢丝应变,此外还放置引伸计以测量钢丝塑性应变,通过数据采集系统记录拉力、位移、温度、应变片和引伸计数据。

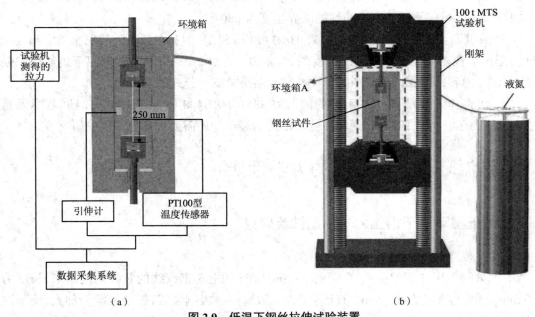

图 2.9 低温下钢丝拉伸试验装置
(a)环境箱 (b)试验装置

3. 试验结果

本节的分析对象包括应力 - 应变曲线、弹性模量、屈服强度、极限强度、断后伸长率和断面收缩率。由于高强钢丝没有明显的屈服平台,根据 ASTM A370-13 利用 0.2% 残余应变对应的强度确定材料屈服强度及弹性模量,如图 2.3(b)所示。图 2.10 所示为不同温度下钢丝的应力 - 应变曲线。

钢丝拉伸试验得到屈服应变 ε_y(屈服强度对应的应变)、极限应变 ε_u(极限强度对应的应变)、断裂应变 ε_F(断裂时的应变)以及断面收缩率 ψ 等参数,这些参数定义如下。

$$\varepsilon_{\mathrm{y}} = \frac{L_{\mathrm{y}} - L}{L} \tag{2.14}$$

$$\varepsilon_{\mathrm{u}} = \frac{L_{\mathrm{u}} - L}{L} \tag{2.15}$$

$$\varepsilon_{\mathrm{F}} = \frac{L_{\mathrm{F}} - L}{L} \tag{2.16}$$

$$\psi = \frac{A - A_{\mathrm{F}}}{A} \tag{2.17}$$

其中，L_{y} 为钢丝屈服时的标距（mm）；L 为钢丝的原始标距（mm）；L_{u} 为钢丝峰值荷载时对应的标距（mm）；L_{F} 为钢丝断裂时的标距（mm）；A 为钢丝原始横截面面积（mm²）；A_{F} 为钢丝断裂后的横截面面积（mm²）。

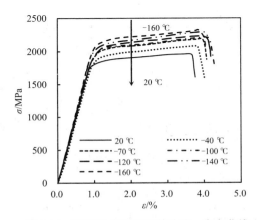

图 2.10　不同温度下钢丝的应力 - 应变曲线

（1）应力 - 应变曲线。图 2.10 为 20 ℃、-40 ℃、-70 ℃、-100 ℃、-120 ℃、-140 ℃ 和 -160 ℃ 这 7 个温度点下钢丝的应力 - 应变曲线。对于高强钢丝，随着应变的增加，应力呈线性增长，直到钢丝屈服。同时，可以从应力 - 应变曲线中看出，钢丝试件拉伸过程中没有明显的屈服平台。当钢丝应力超过屈服强度时，应力 - 应变曲线的斜率降低，钢丝的刚度减小。当应力达到极限强度后，钢丝试件出现颈缩，且应力 - 应变曲线出现较为明显的下降段。图 2.10 还表明，随着温度的降低，钢丝的屈服强度和极限强度均有不同程度的提高。

（2）弹性模量 E_{s}。弹性模量由钢丝应力 - 应变曲线的初始弹性段确定。表 2.6 列出了高强钢丝在不同低温温度点下的弹性模量。低温对弹性模量的影响如图 2.11（a）所示，表明随着温度的降低，高强钢丝的弹性模量略有增加。随着温度从 20 ℃ 降至 -160 ℃，弹性模量的平均值仅提高 4%。由此可得，温度的变化对钢丝弹性模量的影响较为有限。

（3）屈服强度 f_{y} 和极限强度 f_{u}。根据 ASTM A370-13 中的规定，高强钢丝的屈服强度和极限强度采用 0.2% 残余应变偏移法确定，表 2.6 列出了不同温度下屈服强度和极限强度的试验值。图 2.11（b）显示了温度 T 对屈服强度 f_{y} 和极限强度 f_{u} 的影响。随着温度从 20 ℃ 降至 -160 ℃，屈服强度和极限强度均随温度降低而提高。当温度由 20 ℃ 降至 -40 ℃、-70 ℃、-100 ℃、-120 ℃、-140 ℃ 和 -160 ℃ 时，屈服强度平均值的提高幅度分别为 6%、12%、13%、14%、16% 和 18%，极限强度平均值的提高幅度分别为 6%、12%、14%、

16%、18% 和 20%,屈服强度的增长率小于极限强度的增长率。屈服强度、极限强度与温度的相关系数分别为 0.97 和 0.96,这表明钢丝的强度对温度变化较为敏感。

（4）屈服应变 ε_y 和极限应变 ε_u。试验测得的屈服应变和极限应变列于表 2.6 中。低温对屈服应变和极限应变的影响如图 2.11（c）所示。随着温度从 20 ℃降至 -100 ℃,屈服应变和极限应变均有一定程度的增加。温度由 20 ℃降至 -40 ℃、-70 ℃、-100 ℃时,屈服应变（峰值应变）平均增加 7%（3%）、12%（7%）和 16%（15%）。温度为 -100 ℃时,屈服应变和极限应变均为常温下的 1.16 倍。但当温度低于 -100 ℃时,即温度从 -100 ℃降至 -160 ℃时,屈服应变和峰值应变都略有减小。当温度从 -100 ℃降至 -120 ℃、-140 ℃、-160 ℃时,屈服应变（峰值应变）分别降低了 0.84%（4.18%）、0.84%（1.23%）和 1.68%（6.14%）。

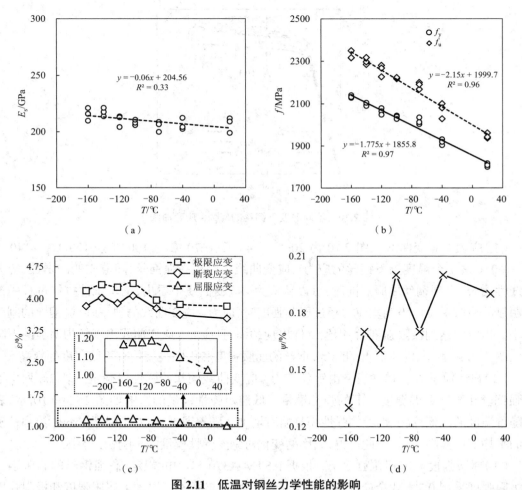

图 2.11　低温对钢丝力学性能的影响
（a）温度对 E_s 的影响　（b）温度对 f_y 和 f_u 的影响　（c）温度对 ε_u、ε_F 和 ε_y 的影响　（d）温度对 ψ 的影响

（5）断裂应变 ε_F 和断面收缩率 ψ。测得的断裂应变和断面收缩率列于表 2.6 中。低温对断裂应变以及断面收缩率的影响如图 2.11（c）和（d）所示。当温度高于 -100 ℃时,断裂应变随温度的降低而增大。温度由 20 ℃降至 -40 ℃、-70 ℃和 -100 ℃时,断裂应变的平均

值分别提高 1%、4% 和 14%。当温度低于 -100 ℃时,断裂应变略有减小,温度从 -100 ℃降至 -120 ℃、-140 ℃和 -160 ℃时,断裂应变的平均值分别降低 2.06%、0.92% 和 3.90%。对于断面收缩率,当温度在 -100～20 ℃范围内时,断面收缩率的变化不大,这表明温度的影响在该温度区间内是相当有限的。当温度从 -100 ℃降至 -160 ℃时,断面收缩率呈下降趋势。

表 2.6　钢丝力学性能试验参数

编号	T /℃	E_s /GPa	$\bar{E}_s$ /GPa	f_y /MPa	$\bar{f}_y$ /MPa	f_u /MPa	$\bar{f}_u$ /MPa	ε_y /%	$\bar{\varepsilon}_y$ /%	ε_u /%	$\bar{\varepsilon}_u$ /%	ε_F /%	$\bar{\varepsilon}_F$ /%	ψ /%	$\bar{\psi}$ /%
A-1	20	211.7		1 799.4		1 937.1		1.03		3.41		3.78		0.20	
A-2	20	209.0	206.5	1 817.9	1 808.5	1 961.8	1 947.2	1.03	1.03	3.64	3.54	3.76	3.83	0.19	0.19
A-3	20	198.8		1 808.2		1 942.6		1.04		3.58		3.94		0.18	
B-1	-40	212.3		1 931.3		2 100.3		1.08		3.57		3.79		0.20	
B-2	-40	202.4	206.3	1 903.3	1 917.9	2 080.5	2 069.9	1.13	1.10	3.80	3.63	4.02	3.87	0.21	0.20
B-3	-40	204.1		1 919.2		2 028.8		1.08		3.53		3.79		0.18	
C-1	-70	208.6		2 035.0		2 200.1		1.15		3.73		3.92		0.17	
C-2	-70	199.8	205.0	2 003.4	2 017.1	2 168.0	2 186.1	1.14	1.15	3.75	3.78	3.92	3.97	0.19	0.17
C-3	-70	206.5		2 012.9		2 190.5		1.17		3.85		4.08		0.15	
D-1	-100	205.7		2 043.8		2 218.0		1.21		4.03		4.28		0.21	
D-2	-100	207.9	208.1	2 039.0	2 036.8	2 223.0	2 221.3	1.18	1.19	4.00	4.07	4.25	4.36	0.19	0.20
D-3	-100	210.6		2 027.7		2 222.9		1.17		4.19		4.56		0.20	
E-1	-120	213.5		2 079.2		2 280.2		1.17		3.87		4.16		0.17	
E-2	-120	212.7	210.1	2 064.3	2 063.9	2 267.7	2 258.2	1.17	1.18	3.93	3.90	4.46	4.27	0.19	0.16
E-3	-120	204.1		2 048.3		2 226.7		1.19		3.91		4.20		0.11	
F-1	-140	213.7		2 093.4		2 284.3		1.20		4.17		4.41		0.19	
F-2	-140	217.5	217.5	2 089.9	2 096.0	2 297.0	2 299.5	1.18	1.18	3.82	4.02	4.18	4.32	0.17	0.17
F-3	-140	221.2		2 104.6		2 317.2		1.16		4.07		4.38		0.15	
G-1	-160	215.9		2 127.7		2 349.4		1.18		3.98		4.30		0.15	
G-2	-160	209.7	215.6	2 139.9	2 133.1	2 315.9	2 327.4	1.19	1.17	3.66	3.82	4.22	4.19	0.16	0.13
G-3	-160	221.1		2 131.7		2 316.8		1.15		3.83		4.06		0.09	

注: E_s、$\bar{E}_s$、f_y、$\bar{f}_y$、f_u、$\bar{f}_u$ 分别为钢丝的弹性模量、平均弹性模量、屈服强度、平均屈服强度、极限强度、平均极限强度; ε_y、$\bar{\varepsilon}_y$、ε_u、$\bar{\varepsilon}_u$、ε_F、$\bar{\varepsilon}_F$ 分别为钢丝的屈服应变、平均屈服应变、极限应变、平均极限应变、断裂应变、平均断裂应变; ψ、$\bar{\psi}$ 分别为断面收缩率和平均断面收缩率。

钢丝试件的断口以及典型的失效模式如图 2.12 所示。试验结果表明,在 -100～20 ℃温度范围内,试件出现颈缩现象,且当温度低于 -100 ℃时,试样的断口不再是均匀收缩的拉伸断口,试样的破坏从延性模式转变为脆性模式。

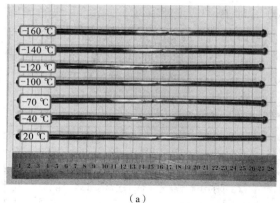
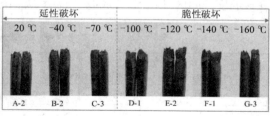

图 2.12　钢丝在不同温度下的断裂模式

（a）钢丝的断裂模式　（b）钢丝断裂面

4. 钢丝力学性能回归分析

低温对钢丝屈服强度和极限强度的影响如表 2.6 和图 2.11（b）所示，根据表 2.6 中的试验数据，进行对应回归分析，建立了钢丝力学性能与温度之间的数学关系。

综上所述，根据表 2.6 中的试验数据，A、B、k 可由式（2.7）至式（2.9）确定。通过对低温下钢丝力学性能试验结果进行回归分析，分别用 -40 ℃、-70 ℃、-100 ℃、-120 ℃、-140 ℃ 和 -160 ℃ 的试验结果确定 A、B、k 的值，并列于表 2.7 中。据此，在给定常温钢丝的屈服强度和极限强度的条件下，提出了预测低温下钢丝屈服强度和极限强度的公式。

表 2.7　回归分析的参数

T/℃	A/（1/℃）	B/（1/℃）	k
-40	0.001 0	0.001 0	1.040
-70	0.001 2	0.001 3	1.060
-100	0.001 0	0.001 1	1.107
-120	0.000 9	0.001 1	1.122
-140	0.000 9	0.001 0	1.127
-160	0.000 9	0.001 0	1.080
平均值	0.001 0	0.001 1	1.090

$$f_{yT} = f_{ya} e^{50.17(1/T_0 - 1/T)} \tag{2.18}$$

$$f_{uT} = f_{ua} e^{54.31(1/T_0 - 1/T)} \tag{2.19}$$

其中，T_0、T 分别为常温和低温温度（K），114 K ≤ T ≤ 293 K。

为了进一步简化式（2.18）和式（2.19），可将其等效于

$$f_{yT} = f_{ya} e^{0.001 0(T_0 - T)} \tag{2.20}$$

$$f_{uT} = f_{ua} e^{0.0011(T_0 - T)} \tag{2.21}$$

其中，T_0、T 分别为常温和低温温度（℃），-160 ℃ ≤ T ≤ 20 ℃。

表 2.8 列出了在不同温度下由式（2.20）和式（2.21）预测得到的钢丝屈服强度和极限强度。预测值与试验值的比较如图 2.13 所示。由此可知，式（2.20）和式（2.21）得到的预测值与试验值具有很高的相关性，相关系数 R^2 均大于 0.9，这表明式（2.20）和式（2.21）可准确地预测低温下钢丝的屈服强度和极限强度。

表 2.8　由预测公式得到的钢丝屈服强度以及极限强度

编号	T /℃	f_y /MPa	f_u /MPa	f_{y1} /MPa	f_{u1} /MPa	f_y/f_{y1}	f_u/f_{u1}	f_{y2} /MPa	f_{u2} /MPa	f_y/f_{y2}	f_u/f_{u2}
A-1	20	1 799.4	1 937.1	1 808.5	1 947.2	0.99	0.99	1 808.5	1 947.2	0.99	0.99
A-2	20	1 817.9	1 961.8	1 808.5	1 947.2	1.01	1.01	1 808.5	1 947.2	1.01	1.01
A-3	20	1 808.2	1 942.6	1 808.5	1 947.2	1.00	1.00	1 808.5	1 947.2	1.00	1.00
B-1	-40	1 931.3	2 100.3	1 889.3	2 041.5	1.01	1.01	1 920.3	2 080.1	1.01	1.01
B-2	-40	1 903.3	2 080.5	1 889.3	2 041.5	0.99	1.00	1 920.3	2 080.1	0.99	1.00
B-3	-40	1 919.2	2 028.8	1 889.3	2 041.5	1.00	0.98	1 920.3	2 080.1	1.00	0.98
C-1	-70	2 035.0	2 200.1	1 949.7	2 112.3	1.03	1.02	1 978.8	2 149.8	1.03	1.02
C-2	-70	2 003.4	2 168.0	1 949.7	2 112.3	1.01	1.01	1 978.8	2 149.8	1.01	1.01
C-3	-70	2 012.9	2 190.3	1 949.7	2 112.3	1.02	1.02	1 978.8	2 149.8	1.02	1.02
D-1	-100	2 043.8	2 218.0	2 034.0	2 211.4	1.00	1.00	2 039.1	2 222.0	1.00	1.00
D-2	-100	2 039.0	2 223.0	2 034.0	2 211.4	1.00	1.00	2 039.1	2 222.0	1.00	1.00
D-3	-100	2 027.7	2 222.9	2 034.0	2 211.4	0.99	1.00	2 039.1	2 222.0	0.99	1.00
E-1	-120	2 079.2	2 280.2	2 111.5	2 302.7	1.00	1.00	2 080.3	2 271.4	1.00	1.00
E-2	-120	2 064.3	2 267.7	2 111.5	2 302.7	0.99	1.00	2 080.3	2 271.4	0.99	1.00
E-3	-120	2 048.3	2 226.7	2 111.5	2 302.7	0.98	0.98	2 080.3	2 271.4	0.98	0.98
F-1	-140	2 093.4	2 284.3	2 215.5	2 426.8	0.99	0.98	2 122.3	2 321.9	0.99	0.98
F-2	-140	2 089.9	2 297.0	2 215.5	2 426.8	0.98	0.99	2 122.3	2 321.9	0.98	0.99
F-3	-140	2 104.6	2 317.2	2 215.5	2 426.8	0.99	1.00	2 122.3	2 321.9	0.99	1.00
G-1	-160	2 127.7	2 349.4	2 366.5	2 605.2	0.98	0.99	2 165.2	2 373.6	0.98	0.99
G-2	-160	2 139.9	2 315.9	2 366.5	2 605.2	0.99	0.98	2 165.2	2 373.6	0.99	0.98
G-3	-160	2 131.7	2 316.8	2 366.5	2 605.2	0.98	0.98	2 165.2	2 373.6	0.98	0.98
Mean	—	—	—	—	—	1.00	1.00	—	—	1.00	1.00
Cov	—	—	—	—	—	0.01	0.01	—	—	0.01	0.01

注：f_{y1}、f_{y2} 分别为式（2.18）和式（2.20）预测得到的钢丝的屈服强度；f_{u1}、f_{u2} 分别为式（2.19）和式（2.21）预测得到的钢丝的极限强度。

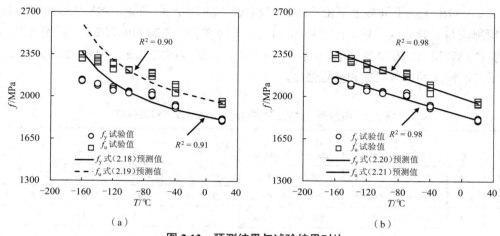

图 2.13　预测结果与试验结果对比

（a）式（2.18）和式（2.19）预测的钢丝强度　（b）式（2.20）和式（2.21）预测的钢丝强度

图 2.14 将式（2.18）至式（2.21）的预测值与 21 个试样的试验结果进行比较。由图 2.14 可知,公式预测值在试验结果 ±10% 误差范围内。此外,试验值与预测值比值的平均值均为 0.98,变异系数仅为 0.01。综上,可得出结论:式（2.18）至式（2.21）可以对不同低温下钢丝的屈服强度和极限强度做出预测。

由表 2.8 的数据可以得出:式（2.18）至式（2.21）可对不同低温下钢丝的屈服强度和极限强度提供较好的预测。其中,式（2.20）和式（2.21）可以提供更准确的预测。式（2.18）至式（2.21）可用于确定 −160 ~ 20 ℃温度范围内钢丝的屈服强度和极限强度。此外,根据试验结果,低温对弹性模量的影响是相当有限的,可以忽略不计。因此,低温下钢丝的应力 - 应变曲线可以由常温下钢丝的弹性模量和式（2.18）至式（2.21）所确定的低温下的强度来确定。

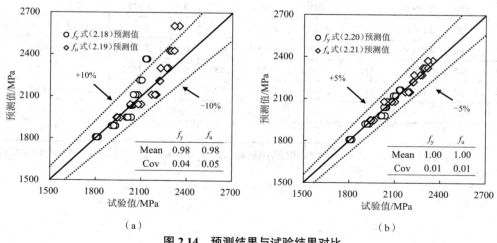

图 2.14　预测结果与试验结果对比

（a）式（2.18）和式（2.19）预测结果与试验结果　（b）式（2.20）和式（2.21）预测结果与试验结果

2.2.2　钢绞线力学性能理论计算

预应力混凝土结构通常采用多层多股钢绞线,与单根钢丝不同,这种钢绞线是通过将数根预应力高强钢丝按照一定方式捻绕在一起制成的完整股线。这些加工精度和工艺系统的几何误差会导致钢绞线的应力 - 应变曲线与单根钢丝不同。同钢绞线的拉伸试验相比,钢丝的拉伸试验更容易进行。本节以钢丝拉伸应力 - 应变曲线为基础,建立了预测多层多股钢绞线应力 - 应变曲线的理论模型。

1. 钢绞线的几何模型以及弹塑性本构

多层多股钢绞线通常由半径为 r_0 的芯线以及对称的几层螺旋线组成,几何关系如图2.15 所示。拉伸变形前的螺旋半径 R_i 和捻距 P_i 可以根据以下公式计算。

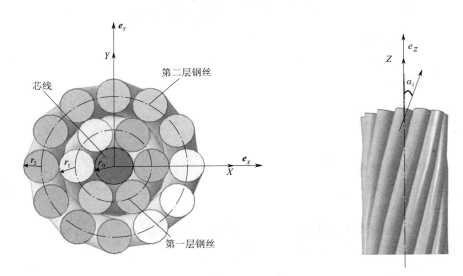

图 2.15　多层多股钢绞线示意图

$$R_i = r_0 + \sum_{j=1}^{i-1} 2r_j + r_i \tag{2.22}$$

$$P_i = \frac{2\pi R_i}{\tan \alpha_i} \tag{2.23}$$

其中, r_0 为芯线的半径(mm); r_j 为第 j 层钢丝的螺旋半径(mm); r_i 为第 i 层钢丝的螺旋半径(mm); α_i 为第 i 层钢丝的螺旋角(°)。

在未加载阶段,螺旋钢丝的中心线由以下计算公式得到:

$$r(\varphi_i) = R_i \cos \varphi_i e_X + R_i \sin \varphi_i e_Y + R_i \frac{\varphi_i}{\tan \alpha_i} e_Z \tag{2.24}$$

其中, φ_i 为螺旋钢丝中心线投影到底面的转角(°)。这里采用右手螺旋的笛卡尔坐标系 $\{e_X, e_Y, e_Z\}$ 描述钢绞线的几何结构, e_Z 与钢绞线的芯线方向耦合,如图2.15 所示。如图2.16 (a)所示,设置于螺旋钢丝中心线的局部坐标系用于描述钢丝的局部变形。局部坐标系定义如下:

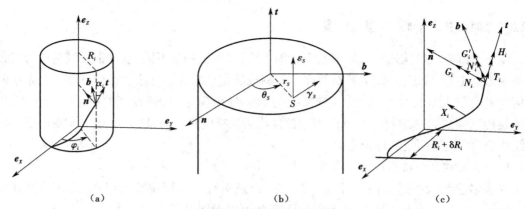

图 2.16　钢丝的几何示意图

（a）螺旋钢丝的中心线　（b）螺旋钢丝变形的示意图　（c）钢丝横截面力与弯矩示意图

$$t_i = \begin{pmatrix} -\sin\varphi_i\sin\alpha_i \\ \cos\varphi_i\sin\alpha_i \\ \cos\alpha_i \end{pmatrix} \tag{2.25}$$

$$n_i = \begin{pmatrix} -\cos\varphi_i \\ -\sin\varphi_i \\ 0 \end{pmatrix} \tag{2.26}$$

$$b_i = \begin{pmatrix} \sin\varphi_i\cos\alpha_i \\ -\cos\varphi_i\cos\alpha_i \\ \sin\alpha_i \end{pmatrix} \tag{2.27}$$

其中，t_i、n_i 与 b_i 分别为切线、法线以及次法线的单位向量。

局部坐标系与全局坐标系之间的关系如下：

$$\begin{pmatrix} n_i \\ b_i \\ t_i \end{pmatrix} = \begin{pmatrix} -\cos\varphi_i & -\sin\varphi_i & 0 \\ \sin\varphi_i\cos\alpha_i & -\cos\varphi_i\cos\alpha_i & \sin\alpha_i \\ -\sin\varphi_i\sin\alpha_i & \cos\varphi_i\sin\alpha_i & \cos\alpha_i \end{pmatrix} \begin{pmatrix} e_X \\ e_Y \\ e_Z \end{pmatrix} \tag{2.28}$$

加载前螺旋线法线的曲率 κ_i、次法线的曲率 κ_i' 和扭矩 χ_i 可定义为

$$\kappa_i = 0 \tag{2.29}$$

$$\kappa_i' = \frac{\sin^2\alpha_i}{R_i} \tag{2.30}$$

$$\chi_i = \frac{\sin\alpha_i\cos\alpha_i}{R_i} \tag{2.31}$$

螺旋钢丝以及中心钢丝的长度分别为 s_i 与 l。轴向变形后，螺旋钢丝长度、中心钢丝长度、螺旋角、螺旋钢丝中心线到底面投影的转角以及螺旋半径的微增量分别为 δs_i、δl、$\delta\alpha_i$、$\delta\varphi_i$、δR_i。中心钢丝、螺旋钢丝的应变分别为 $\varepsilon_0 = \delta l/l$、$\varepsilon_i = \delta s_i/s_i$。螺旋钢丝中心线到底面投影的转角为 $\varphi_i = (\sin\alpha_i)s_i/R_i$。

根据文献 [6] 可知，螺旋钢丝的轴向应变 ε_i 以及扭转应变 γ_i 可以按照下式计算：

$$\varepsilon_i = \varepsilon_0 - \tan\alpha_i \delta\alpha_i \tag{2.32}$$

$$\gamma_i = R_i \frac{\delta\varphi_i}{s} = \frac{\varepsilon_i}{\tan\alpha_i} - \delta\alpha_i + \nu \frac{r_0\varepsilon_0 + \sum_{j=1}^{i-1} r_j\varepsilon_j + r_i\varepsilon_i}{R_i \tan\alpha_i} \tag{2.33}$$

其中，ν 为钢丝的泊松比。

泊松比和线间的接触变形会影响螺旋半径的变化。由于钢丝线间接触变形对小直径钢绞线的影响是相当有限的，为了简化计算，忽略了钢丝线间的变形，因此仅考虑泊松比的影响。螺旋半径的变化可按下式计算：

$$\delta R_i = -\left(\nu r_0\varepsilon_0 + \sum_{j=1}^{i-1} 2\nu r_j\varepsilon_j + \nu r_i\varepsilon_i\right) \tag{2.34}$$

在轴向拉伸后，螺旋线在法线方向、次法线方向和扭转方向上的曲率变化可定义为

$$\delta\kappa_i = 0 \tag{2.35}$$

$$\delta\kappa_i' = \frac{\sin^2\bar{\alpha}_i}{R_i + \delta R_i} - \frac{\sin^2\alpha_i}{R_i} \tag{2.36}$$

$$\delta\chi_i = \frac{\sin\bar{\alpha}_i \cos\bar{\alpha}_i}{R_i + \delta R_i} - \frac{\sin\alpha_i \cos\alpha_i}{R_i} \tag{2.37}$$

其中，$\bar{\alpha}_i$ 为轴向变形后的螺旋角（°），$\bar{\alpha}_i = \alpha_i + \delta\alpha_i$。

在该理论模型中引入了弹塑性本构关系。如图 2.16（b）所示，假设螺旋线横截面上的任意点为 $S(r_S, \theta_S)$，该点的轴向应变与切向应变分别为 ε_S 和 γ_S，计算公式可定义为

$$\varepsilon_S = \varepsilon_i - \delta\kappa_i' r_S \cos\theta_S \tag{2.38}$$

$$\gamma_S = r_S \delta\chi_i \tag{2.39}$$

轴向应变 ε_S 与切向应变 γ_S 可以分解为纯弹性应变 ε_e、γ_e 与塑性应变 ε_p、γ_p，即 $\varepsilon_S = \varepsilon_e + \varepsilon_p$、$\gamma_S = \gamma_e + \gamma_p$。在弹性段内，法向应力 σ_S 可根据胡克定律计算，即

$$\sigma_S = \varepsilon_e E \tag{2.40}$$

其中，E 为钢丝的弹性模量（MPa）。

在塑性段内，法向应力 σ_S 可根据下式计算：

$$\sigma_S = \sigma_f + E_p \varepsilon_p \tag{2.41}$$

$$E_p = \frac{E E_1}{E - E_1} \tag{2.42}$$

其中，σ_f 为钢丝的屈服应力（MPa）；E_1 为塑性模量（MPa）。

由 Mises 屈服准则确定的后继屈服应力 f 定义如下：

$$f = \sqrt{\frac{3}{2}\left(s_{ij} - C\varepsilon_{ij}^p\right)\left(s_{ij} - C\varepsilon_{ij}^p\right)} - \sigma_f \leqslant 0 \tag{2.43}$$

其中，C 为常数，根据弹塑性强化材料在简单拉伸试验时获得，$C = (2/3)E_p$；s_{ij} 为应力偏张量（MPa），$s_{ij} = \sigma_{ij} - \sigma_m \delta_{ij}$；$\varepsilon_{ij}^p$ 为塑性应变，有

$$\varepsilon_{ij}^{\mathrm{p}} = \begin{pmatrix} \varepsilon_S^{\mathrm{p}} & 0 & -\dfrac{1}{2}\gamma_S^{\mathrm{p}}\sin\theta_S \\[2mm] 0 & -\nu\varepsilon_S^{\mathrm{p}} & \dfrac{1}{2}\gamma_S^{\mathrm{p}}\cos\theta_S \\[2mm] \dfrac{1}{2}\gamma_S^{\mathrm{p}}\sin\theta_S & -\dfrac{1}{2}\gamma_S^{\mathrm{p}}\cos\theta_S & -\nu\varepsilon_S^{\mathrm{p}} \end{pmatrix} \qquad (2.44)$$

在塑性段内,塑性应变增量可写为

$$\mathrm{d}\varepsilon_{ij}^{\mathrm{p}} = \mathrm{d}\varepsilon_{ij} - \mathrm{d}\varepsilon_{ij}^{\mathrm{e}} \qquad (2.45)$$

其中,$\varepsilon_{ij}^{\mathrm{e}}$ 为弹性应变。

考虑流动准则,由应力增量导致的应变增量定义如下:

$$\mathrm{d}\varepsilon_{ij}^{\mathrm{p}} = \mathrm{d}\lambda\frac{\partial f}{\partial\sigma_{ij}} \qquad (2.46)$$

$$\mathrm{d}\lambda = \frac{\dfrac{\partial f}{\partial\sigma_{ij}}\mathrm{d}\varepsilon_{ij}}{\dfrac{2\sigma_{\mathrm{f}}^2}{9G}(3G + E_{\mathrm{p}})} \qquad (2.47)$$

其中,λ 为满足流动法则以及一致性条件的比例系数;G 为剪切模量(MPa)。

基于 Love 曲杆理论,考虑泊松比及螺旋角的变化,钢丝线间摩擦以及剪切变形的影响在计算中忽略。如图 2.16(c)所示,建立如下平衡方程:

$$-N_i'(\chi_i + \delta\chi_i) + T_i(\kappa_i' + \delta\kappa_i') + X_i = 0 \qquad (2.48)$$

$$-G_i'(\chi_i + \delta\chi_i) + H_i(\kappa_i' + \delta\kappa_i') - N_i' = 0 \qquad (2.49)$$

其中,N_i'、G_i' 分别为螺旋钢丝次法线方向的力(N)与弯矩(N·m);T_i、H_i 分别为螺旋钢丝切线方向的力(N)与扭转弯矩(N·m);X_i 为法线方向单位长度的线荷载(N)。

每层螺旋线的总轴向力为

$$F_i = m_i T_i \cos(\alpha_i + \delta\alpha_i) + m_i N_i' \sin(\alpha_i + \delta\alpha_i) \qquad (2.50)$$

其中,m_i 为每层螺旋钢丝的根数。

作用在钢绞线上的轴向力是钢绞线每根钢丝上的力的组合,即

$$F = \sum_{i=0}^{j} F_i \qquad (2.51)$$

综上,钢绞线的轴向应变为中心钢丝的应变,钢绞线的轴向应力和应变通过下式计算:

$$\sigma_{\mathrm{strand}} = \frac{F}{A_0 + \displaystyle\sum_{i=1}^{j} m_i A_i} \qquad (2.52)$$

$$\varepsilon_{\mathrm{strand}} = \varepsilon_0 \qquad (2.53)$$

上述方程定义了钢绞线的弹塑性应力 - 应变行为。钢绞线的几何模型由式(2.22)至式(2.31)定义。在求解过程中,已知钢绞线的轴向应变与芯线的轴向应变相等。由式(2.32)和式(2.33)定义的螺旋钢丝的轴向应变和扭转应变可由芯线和螺旋钢丝的几何关系求得。在一个局部坐标系中,由式(2.38)至式(2.47)定义了钢丝的弹塑性本构关系。基于 Love 曲

杆理论以及 Costello 的模型,建立了式(2.48)和式(2.49)的平衡方程,钢绞线的轴向合力可由式(2.50)和式(2.51)计算。因此,钢绞线的应力 - 应变曲线可由本节计算求得。

2. 理论模型的验证

为了验证钢绞线弹塑性模型的精度,将理论计算结果与 Utting 等[7]的试验结果进行对比。钢绞线的几何和材料信息见表 2.9。同时,将本节提出的理论模型也与基于线弹性本构关系的 Costello 模型[8]进行对比验证。如图 2.17 所示,本节所提出的七芯以及十九芯钢绞线理论模型与 Costello 模型在弹性段拟合较好。对于七芯钢绞线,所提出理论模型的曲线与试验曲线在弹性和塑性部分都能够很好地吻合,弹性模量的理论计算结果与试验结果差异较小,在塑性范围内轴向力略大于试验结果。对于十九芯钢绞线,理论计算结果相对于 Utting 等的试验结果较大,这是由于在所提出的理论模型中忽略了接触变形的影响。

表 2.9　钢绞线的几何和材料参数

类型	r_0 /mm	r_1 /mm	r_2 /mm	α_1 /°	α_2 /°	E /GPa	E_1 /GPa	f_y /MPa	f_u /MPa	v
1×7	1.97	1.865	—	11.8	—	188	24.6	1 540	1 800	0.3
1×19	1.83	1.665	1.665	14.6	14.4	188	24.6	1 540	1 800	0.3

注:r_0、r_1、r_2 分别为芯线、第一层螺旋线和第二层螺旋线的半径;α_1、α_2 分别为第一层螺旋线和第二层螺旋线的螺旋角;E、E_1、v、f_y、f_u 分别为钢丝的弹性模量、塑性模量、泊松比、屈服强度和极限强度。

3. 钢绞线力学性能有限元仿真分析

本节利用通用商用软件 ABAQUS 对低温下钢绞线的拉伸行为进行非线性分析,采用 ABAQUS/Standard 隐式求解器进行求解。

(1)单元选择与网格划分。本节中采用线性减缩积分单元 C3D8R 对每根钢丝进行建模。该单元由每个节点上的 3 个平移自由度和 1 个积分点组成。在网格划分时要注意网格划分的技巧,避免出现网格划分畸形。考虑计算时间以及计算效率,通过收敛性分析,确定合适的网格密度。钢丝径向的网格密度为钢丝直径的 1/10,纵向的网格密度为钢绞线捻距的 1/80。

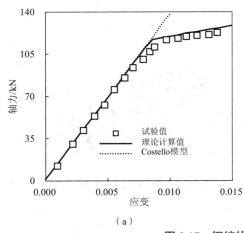

(a)

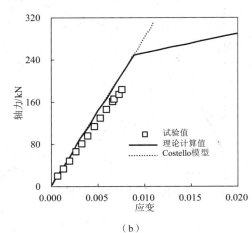

(b)

图 2.17　钢绞线的轴向荷载 - 应变曲线

(a)七芯钢绞线　(b)十九芯钢绞线

（2）钢丝的参数定义。采用 Mises 屈服准则的非线性各向同性模型描述组成钢绞线的钢材。该材料的应力-应变关系采用弹塑性强化模型的应力-应变曲线，如图 2.18 所示。超低温下钢绞线的力学性能分析所采用的钢材的屈服强度、极限强度和弹性模量由本章中钢丝拉伸试验结果确定。

（3）边界条件、加载条件及接触关系。有限元模型中钢绞线的边界条件如图 2.19 所示。首先，应当在靠近钢绞线的两端设置两个参考点，并将钢绞线两端面分别同参考点耦合，钢绞线的边界条件施加到参考点上，以减小应力集中的影响。为了模拟边界条件，沿径向、环向和纵向建立局部圆柱坐标系。考虑泊松效应，有限元模型允许钢绞线的径向收缩。对于环向运动，在股线两端固定，防止钢丝退绕。此外，沿纵向的位移在一端固定，但在加载端释放。通过控制加载端的位移来施加拉伸力，以模拟拉伸试验的加载条件。采用表面接触式来确定钢绞线中不同线材表面之间的相互作用，这种接触形式描述了两个相互作用的表面正方向以及切线方向之间的关系。硬接触和罚摩擦型接触算法分别用于定义在这两个方向的相互作用表面的接触关系。采用各向同性库仑定律模拟线间摩擦效应。初步研究表明，钢丝间摩擦效应可以由 0.1 ~ 0.2 的恒定摩擦系数表征。分析研究过程中建立了不同摩擦系数的有限元模型，计算结果表明，摩擦系数为 0.1 的有限元模型对试验数据的拟合效果明显优于摩擦系数为 0.2 的有限元模型。因此，本节中钢丝间的摩擦系数选择为 0.1。

（4）有限元模型的验证。为了验证有限元模型的精度，将有限元计算结果与 Utting 等的试验结果进行对比。将有限元分析的应力-应变曲线与图 2.20 中的试验结果进行对比，可以看出，数值模拟结果与试验曲线拟合较好。对于七芯和十九芯钢绞线，弹性段的数值计算结果与试验结果的差异较小。对于七芯钢绞线，塑性段的数值结果比试验结果略小，但总体差异不大。由此可见，所开发的有限元计算模型，可以对多层多股钢绞线的应力-应变曲线做出合理的预测。

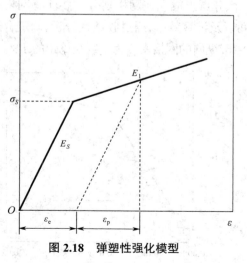

图 2.18　弹塑性强化模型

图 2.19　钢绞线的有限元模型

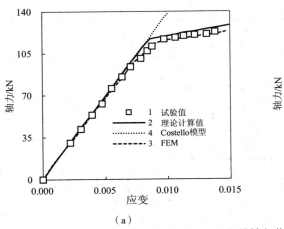 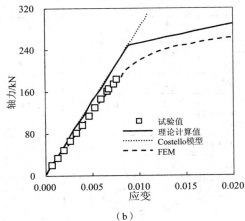

（a）　　　　　　　　　　　　　　　（b）

图 2.20　钢绞线的轴向荷载 - 应变曲线

（a）七芯钢绞线　（b）十九芯钢绞线

4. 超低温环境下钢绞线力学性能经验公式拟合计算

已知可以通过常温下钢丝的应力 - 应变曲线提出的理论和数值模型来预测低温下多层多股钢绞线的应力 - 应变曲线。但是,对于结构设计而言,这一步骤仍较为复杂。本节为了进一步简化这一过程,尝试开发经验公式来预测不同低温条件下,工程结构中常用的三芯、七芯以及十九芯钢绞线的力学性能。考虑到不同螺旋角、捻距、股数的钢绞线力学性能差异较大,本节选择 70 个不同参数的钢绞线进行研究。采用本章提出的理论和数值模型,确定了不同参数下钢绞线的屈服强度、极限强度和弹性模量,并列于表 2.10 中。此外,常温下钢丝的材料性能采用本章中的试验数据。

表 2.10　不同温度下钢绞线的弹性模量、屈服强度和极限强度的理论和数值计算结果

T /℃	D /mm	α_1 /°	α_2 /°	$f_{ys,a}$ /MPa	$f_{us,a}$ /MPa	$E_{s,a}$ /GPa	$f_{ys,e}$ /MPa	$f_{us,e}$ /MPa	$E_{s,e}$ /GPa
20	6.2	5	—	1 801.7	1 939.4	197.3	1 766.5	1 890.7	194.0
−40	6.2	5	—	1 913.0	2 072.1	197.3	1 873.6	2 019.7	194.0
−70	6.2	5	—	1 971.3	2 141.3	197.3	1 928.2	2 087.4	194.0
−100	6.2	5	—	2 031.3	2 213.5	197.3	1 984.3	2 157.5	194.0
−120	6.2	5	—	2 072.4	2 263.4	197.3	2 032.3	2 205.4	194.0
−140	6.2	5	—	2 114.2	2 313.6	197.3	2 071.6	2 254.5	194.0
−160	6.2	5	—	2 156.9	2 365.1	197.3	2 111.6	2 304.6	194.0
20	6.2	10	—	1 781.5	1 926.1	189.3	1 748.0	1 870.0	188.8
−40	6.2	10	—	1 891.6	2 059.4	189.3	1 858.2	1 997.6	188.8
−70	6.2	10	—	1 949.2	2 128.9	189.3	1 912.2	2 064.6	188.8
−100	6.2	10	—	2 008.6	2 200.3	189.3	1 967.8	2 133.9	188.8
−120	6.2	10	—	2 049.2	2 250.7	189.3	2 005.8	2 181.3	188.8
−140	6.2	10	—	2 090.6	2 300.6	189.3	2 044.5	2 229.8	188.8
−160	6.2	10	—	2 132.8	2 352.5	189.3	2 084.0	2 279.3	188.8

T /℃	D /mm	α_1 /°	α_2 /°	$f_{ys,a}$ /MPa	$f_{us,a}$ /MPa	$E_{s,a}$ /GPa	$f_{ys,e}$ /MPa	$f_{us,e}$ /MPa	$E_{s,e}$ /GPa
20	6.2	15	—	1 749.2	1 887.3	176.9	1 700.0	1 838.4	176.7
−40	6.2	15	—	1 857.4	2 020.1	176.9	1 776.8	1 963.8	176.7
−70	6.2	15	—	1 913.9	2 088.6	176.9	1 866.4	2 029.6	176.7
−100	6.2	15	—	1 972.2	2 161.7	176.9	1 913.4	2 097.6	176.7
−120	6.2	15	—	2 012.1	2 210.6	176.9	1 942.5	2 144.1	176.7
−140	6.2	15	—	2 052.7	2 261.4	176.9	2 017.8	2 191.6	176.7
−160	6.2	15	—	2 094.2	2 313.3	176.9	2 056.4	2 240.0	176.7
20	11.4	5	—	1 802.8	1 920.7	197.7	1 752.8	1 851.5	193.1
−40	11.4	5	—	1 914.3	2 051.0	197.7	1 834.5	1 971.0	193.1
−70	11.4	5	—	1 972.6	2 119.6	197.7	1 874.5	2 031.7	193.1
−100	11.4	5	—	2 032.7	2 190.5	197.7	1 931.0	2 096.7	193.1
−120	11.4	5	—	2 073.7	2 239.3	197.7	1 951.0	2 140.4	193.1
−140	11.4	5	—	2 115.6	2 289.0	197.7	1 982.7	2 184.4	193.1
−160	11.4	5	—	2 158.3	2 339.5	197.7	2 010.6	2 229.8	193.1
20	11.4	10	—	1 785.8	1 897.0	191.0	1 723.5	1 809.1	184.1
−40	11.4	10	—	1 896.3	2 026.1	191.0	1 822.5	1 926.7	184.1
−70	11.4	10	—	1 954.0	2 093.7	191.0	1 859.3	1 987.9	184.1
−100	11.4	10	—	2 013.5	2 163.6	191.0	1 896.1	2 050.4	184.1
−120	11.4	10	—	2 054.2	2 211.7	191.0	1 951.4	2 093.9	184.1
−140	11.4	10	—	2 095.7	2 260.7	191.0	1 988.2	2 137.7	184.1
−160	11.4	10	—	2 138.0	2 310.4	191.0	2 025.0	2 182.3	184.1
20	11.4	15	—	1 758.0	1 859.4	179.4	1 607.9	1 723.2	171.0
−40	11.4	15	—	1 866.8	1 985.5	179.4	1 709.7	1 854.2	171.0
−70	11.4	15	—	1 923.6	2 051.5	179.4	1 789.0	1 914.5	171.0
−100	11.4	15	—	1 982.2	2 119.8	179.4	1 827.0	1 977.1	171.0
−120	11.4	15	—	2 022.2	2 166.8	179.4	1 851.3	2 019.0	171.0
−140	11.4	15	—	2 063.1	2 214.7	179.4	1 874.1	2 060.1	171.0
−160	11.4	15	—	2 104.8	2 263.8	179.4	1 895.5	2 104.6	171.0
20	13	10	5	1 796.8	1 933.5	194.9	1 737.5	1 812.8	186.8
−40	13	10	5	1 907.9	2 063.1	194.9	1 838.8	1 929.6	186.8
−70	13	10	5	1 966.0	2 130.7	194.9	1 888.6	1 990.9	186.8
−100	13	10	5	2 025.9	2 202.5	194.9	1 953.6	2 054.1	186.8
−120	13	10	5	2 066.8	2 251.6	194.9	1 989.5	2 096.7	186.8
−140	13	10	5	2 108.5	2 300.8	194.9	2 038.0	2 140.4	186.8
−160	13	10	5	2 151.1	2 352.2	194.9	2 077.4	2 182.0	186.8

T /℃	D /mm	α_1 /°	α_2 /°	$f_{ys,a}$ /MPa	$f_{us,a}$ /MPa	$E_{s,a}$ /GPa	$f_{ys,e}$ /MPa	$f_{us,e}$ /MPa	$E_{s,e}$ /GPa
20	13	10	10	1 782.7	1 912.8	189.9	1 703.2	1 795.1	177.8
−40	13	10	10	1 892.9	2 043.5	189.9	1 822.3	1 911.7	177.8
−70	13	10	10	1 950.6	2 111.0	189.9	1 874.5	1 972.6	177.8
−100	13	10	10	2 009.9	2 181.4	189.9	1 928.1	2 035.5	177.8
−120	13	10	10	2 050.6	2 230.6	189.9	1 964.0	2 078.1	177.8
−140	13	10	10	2 092.0	2 279.3	189.9	2 000.0	2 121.7	177.8
−160	13	10	10	2 134.2	2 330.1	189.9	2 035.9	2 166.2	177.8
20	13	10	15	1 761.4	1 884.7	181.8	1 681.7	1 763.5	166.6
−40	13	10	15	1 870.3	2 012.5	181.8	1 774.2	1 878.2	166.6
−70	13	10	15	1 927.2	2 078.8	181.8	1 821.2	1 938.5	166.6
−100	13	10	15	1 985.9	2 148.0	181.8	1 886.3	2 000.1	166.6
−120	13	10	15	2 026.1	2 195.6	181.8	1 919.5	2 042.1	166.6
−140	13	10	15	2 067.0	2 244.1	181.8	1 953.0	2 085.3	166.6
−160	13	10	15	2 108.7	2 293.9	181.8	1 986.3	2 129.1	166.6
20	13	15	10	1 774.2	1 898.6	185.9	1 667.5	1 769.1	172.6
−40	13	15	10	1 883.9	2 025.8	185.9	1 748.2	1 884.0	172.6
−70	13	15	10	1 941.2	2 090.3	185.9	1 787.0	1 943.1	172.6
−100	13	15	10	2 000.3	2 162.5	185.9	1 824.4	2 001.5	172.6
−120	13	15	10	2 040.8	2 207.6	185.9	1 898.5	2 038.9	172.6
−140	13	15	10	2 082.0	2 259.5	185.9	1 926.4	2 071.0	172.6
−160	13	15	10	2 124.0	2 308.0	185.9	1 950.0	2 114.4	172.6

注：D 是钢丝的直径；α_1、α_2 分别是第一层钢丝和第二层钢丝的螺旋角；$E_{s,a}$、$f_{ys,a}$、$f_{us,a}$ 分别为钢绞线弹性模量、屈服强度和极限强度的理论模型预测值；$E_{s,e}$、$f_{ys,e}$、$f_{us,e}$ 分别为钢绞线弹性模量、屈服强度和极限强度的有限元模型预测值。

在多元线性回归分析的基础上，建立了单根钢丝在常温下的力学性能和钢绞线在超低温环境下的力学性能之间的关系，变化系数定义如下：

$$I_E = \frac{E_s}{E_a} \tag{2.54}$$

$$I_{f_y} = \frac{f_{ys}}{f_{ya}} \tag{2.55}$$

$$I_{f_u} = \frac{f_{us}}{f_{ua}} \tag{2.56}$$

其中，I_E、I_{f_y} 和 I_{f_u} 分别为弹性模量、屈服强度和极限强度的变化系数；E_s、f_{ys} 和 f_{us} 分别为钢绞线在超低温环境下的弹性模量（MPa）、屈服强度（MPa）和极限强度（MPa）；E_a、f_{ya} 和 f_{ua} 分别为常温下钢丝的弹性模量（MPa）、屈服强度（MPa）和极限强度（MPa）。

考虑温度 T、捻距 P 和钢丝根数 N 的影响,在回归分析中建立指数模型。对于十九芯钢绞线,两层螺旋钢丝的捻距分别定义为 P_1 和 P_2。据此,建立了三芯、七芯以及十九芯钢绞线的分离式回归模型。假定回归分析方程如下:

$$I_E = \begin{cases} cN^d P^f \mathrm{e}^{gT} & N = 3、7 \\ cN^d P_1^{f_1} P_2^{f_2} \mathrm{e}^{gT} & N = 19 \end{cases} \tag{2.57}$$

$$I_{f_y} = \begin{cases} c'N^{d'} P^{f'} \mathrm{e}^{g'T} & N = 3、7 \\ c'N^{d'} P_1^{f_1'} P_2^{f_2'} \mathrm{e}^{g'T} & N = 19 \end{cases} \tag{2.58}$$

$$I_{f_u} = \begin{cases} c''N^{d''} P^{f''} \mathrm{e}^{g''T} & N = 3、7 \\ c''N^{d''} P_1^{f_1''} P_2^{f_2''} \mathrm{e}^{g''T} & N = 19 \end{cases} \tag{2.59}$$

其中,c、d、f、g、f_1、f_2、c'、d'、f'、g'、f_1'、f_2'、c''、d''、f''、g''、f_1''、f_2'' 为常数,可根据回归分析确定;T 为温度(℃),$-160\ ℃ \leqslant T \leqslant 20\ ℃$。

为了便于多元线性回归,上式需要进行对数变换,并采用最优子集法进行回归分析,进而确定评估对于 I_E、I_{f_y} 和 I_{f_u} 较为重要的预测因子。最优子集模型的确定需要考虑 3 个标准:Mallows's C_p 系数、相关系数 R^2 以及标准差 S。Mallows's C_p 系数用于从模型的多个自变量中选择自变量子集,该系数越小,模型越准确。相关系数 R^2 为 0 到 1 之间的值,用于判定回归模型与试验数据的相关程度。标准差 S 用于判定数据的离散程度。因而,回归模型中的参数个数及参数组合可以据此确定。

回归分析的自变量选择结果见表 2.11。结果表明:①对于三芯和七芯钢绞线,考虑上述评价标准,推荐采用回归模型 $4E$、$3f_y$ 和 $3f_u$,在 $3f_y$ 和 $3f_u$ 中,建立了考虑钢丝根数 N、捻距 P 和温度 T 的回归模型,在 $4E$ 中,不考虑温度 T 的影响;②对于十九芯钢绞线,推荐采用回归模型 $6E$、$6f_y$ 和 $6f_u$,在 $6f_y$ 和 $6f_u$ 中,建立了考虑捻距 P_1、P_2 和温度 T 的回归模型,在 $6E$ 中,仅考虑捻距 P_1、P_2 的影响。

本节建立的弹性模量、屈服强度和极限强度变化系数的回归模型如下。

对于三芯和七芯钢绞线,有

$$I_E = \frac{E_s}{E_a} = 0.64 N^{-0.055} P^{0.092} \tag{2.60}$$

$$I_{f_y} = \frac{f_{ys}}{f_{ya}} = 0.87 N^{-0.058} P^{0.04} \mathrm{e}^{-0.001T} \tag{2.61}$$

$$I_{f_u} = \frac{f_{us}}{f_{ua}} = 0.86 N^{-0.047} P^{0.038} \mathrm{e}^{-0.001T} \tag{2.62}$$

对于十九芯钢绞线,有

$$I_E = \frac{E_s}{E_a} = 0.44 P_1^{0.037} P_2^{0.099} \tag{2.63}$$

$$I_{f_y} = \frac{f_{ys}}{f_{ya}} = 0.56 P_1^{0.082} P_2^{0.032} \mathrm{e}^{-0.001T} \tag{2.64}$$

$$I_{f_u} = \frac{f_{us}}{f_{ua}} = 0.72 P_1^{0.032} P_2^{0.022} \mathrm{e}^{-0.001T} \tag{2.65}$$

温度的升高呈非线性变化。钢绞线在 -80 ℃ 以下的非线性行为可能是由微观的变化引起的。前期 Yan 等 [2] 对钢材低温下力学性能的试验研究表明,在 -80 ℃ 以下随着温度的降低,钢材的破坏由延性模式转变为脆性模式,这可能导致热应变变化率随温度变化。

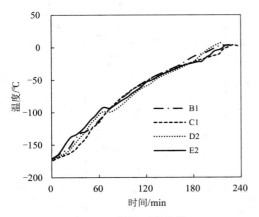

图 3.2　升温时程曲线

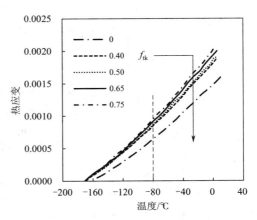

图 3.3　升温过程中温度与热应变的关系

其次,热应变随着作用在钢绞线上的预应力增加而增加。图 3.3 表明当温度一定时,钢绞线的热应变随着钢绞线预应力水平的增加而增加,这是因为预应力加速了金属的流动。

图 3.4 所示为不同预应力水平下钢绞线在不同温度下的瞬间线膨胀系数的散点图。

2. 钢绞线的瞬间线膨胀系数

瞬间线膨胀系数用以描述某一时刻的线膨胀,《金属材料热膨胀特征参数的测定》(GB/T 4339—2008)中关于平均线膨胀系数的定义为

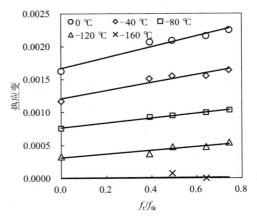

图 3.4　加热过程中预应力水平与热应变的关系

$$\alpha_t = \frac{1}{L_i} \lim_{T_2 \to T_1} \frac{L_2 - L_1}{T_2 - T_1} = \frac{\mathrm{d}L}{\mathrm{d}t} / L_i \quad (t_1 < t_i < t_2) \tag{3.1}$$

其中,α_t 为瞬间线膨胀系数(/℃);L_i 为温度 T_i(℃)时的线膨胀系数;L_2 为温度 T_2(℃)时钢绞线的长度(mm);L_1 为温度 T_1(℃)时钢绞线的长度(mm);L_0 为试验开始时钢绞线的长度(mm);T_1 为时刻 1 的温度(℃);T_2 为时刻 2 的温度(℃)。

表 3.2 列出了瞬间线膨胀系数,每组 3 个平行试件。由表 3.2 可知:①钢绞线的瞬间线膨胀系数随着温度的升高几乎呈线性增加;②瞬间线膨胀系数与低温具有较强的相关性,相关系数 $R^2 > 0.5$,在某些情况下 R^2 接近 0.9;③钢绞线的瞬间线膨胀系数随预应力的增加而增大。这是因为低温降低了分子的平动能,进而降低了原子的活跃度,热量传递需要更多的平动能,因而降低了瞬间线膨胀系数。同时,钢绞线上的预应力加强了金属中不同成分之间的连接,从而加快了金属的流动,增强了不同成分之间的连接,提高了钢绞线的线膨胀系数。因

此,在分析钢绞线的瞬间线膨胀系数时,低温和预应力水平是需要考虑和量化的两个关键参数。

表 3.2　钢绞线在不同温度和预应力水平下的瞬间线膨胀系数

T/℃	f_t/f_{tk}	A 组 α_l/(×10⁻⁶/℃)				
		A1	A2	A3	平均值	Cov
0	0.00	11.5	12.3	11.5	11.8	0.04
−20	0.00	11.0	11.6	11.0	11.2	0.03
−40	0.00	10.4	10.9	10.4	10.6	0.03
−60	0.00	9.8	10.2	9.8	10.0	0.02
−80	0.00	9.3	9.6	9.3	9.4	0.02
−100	0.00	8.7	8.9	8.7	8.8	0.01
−120	0.00	8.2	8.2	8.2	8.2	0.00
−140	0.00	7.6	7.5	7.6	7.6	0.01
−165	0.00	6.9	6.7	6.9	6.8	0.01

T/℃	f_t/f_{tk}	B 组 α_l/(×10⁻⁶/℃)				
		B1	B2	B3	平均值	Cov
0	0.40	13.5	13.7	13.7	13.6	0.01
−20	0.40	12.9	13.1	13.0	13.0	0.01
−40	0.40	12.3	12.5	12.4	12.4	0.01
−60	0.40	11.7	11.8	11.8	11.8	0.01
−80	0.40	11.1	11.2	11.1	11.1	0.00
−100	0.40	10.5	10.5	10.5	10.5	0.00
−120	0.40	9.9	9.9	9.8	9.9	0.00
−140	0.40	9.3	9.3	9.2	9.2	0.00
−165	0.40	8.5	8.5	8.4	8.5	0.01

T/℃	f_t/f_{tk}	C 组 α_l/(×10⁻⁶/℃)				
		C1	C2	C3	平均值	Cov
0	0.50	14.1	14.3	13.8	14.1	0.02
−20	0.50	13.4	13.6	13.3	13.4	0.01
−40	0.50	12.7	12.9	12.6	12.7	0.01
−60	0.50	12.0	12.2	12.0	12.0	0.01
−80	0.50	11.3	11.4	11.4	11.4	0.01
−100	0.50	10.5	10.7	10.8	10.7	0.01
−120	0.50	9.8	10.0	10.2	10.0	0.02
−140	0.50	9.1	9.3	9.6	9.3	0.03
−165	0.50	8.2	8.4	8.8	8.5	0.04

T/℃	f_t/f_{tk}	D 组 α_l/(×10⁻⁶/℃)				
		D1	D2	D3	平均值	Cov
0	0.65	14.8	14.2	14.1	14.4	0.03
−20	0.65	14.1	13.6	13.5	13.7	0.02
−40	0.65	13.4	12.9	12.9	13.1	0.02
−60	0.65	12.8	12.3	12.3	12.4	0.02
−80	0.65	12.1	11.6	11.7	11.8	0.02
−100	0.65	11.4	11.0	11.1	11.2	0.02
−120	0.65	10.7	10.4	10.5	10.5	0.02
−140	0.65	10.0	9.7	9.9	9.9	0.02
−165	0.65	9.2	8.9	9.2	9.1	0.02

T/℃	f_t/f_{tk}	E 组 α_l/(×10⁻⁶/℃)				
		E1	E2	E3	平均值	Cov
0	0.75	14.8	14.7	15.2	14.9	0.02
−20	0.75	14.2	14.1	14.4	14.2	0.01
−40	0.75	13.6	13.4	13.7	13.6	0.01
−60	0.75	12.9	12.8	12.9	12.9	0.01
−80	0.75	12.3	12.1	12.2	12.2	0.01
−100	0.75	11.6	11.5	11.4	11.5	0.01
−120	0.75	11.0	11.0	10.6	10.8	0.02
−140	0.75	10.4	10.2	9.9	10.2	0.02
−165	0.75	9.6	9.4	9.2	9.4	0.04

3. 钢绞线的平均线膨胀系数

《金属材料热膨胀特征参数的测定》(GB/T 4339—2008)中关于平均线膨胀系数的定义为

$$\alpha_m = (L_2 - L_1)/[L_0(t_2 - t_1)] = (\Delta L/L_0)/\Delta t \quad (t_1 < t_2) \tag{3.2}$$

其中, α_m 为平均线膨胀系数(/℃); L_2 为温度 t_2 (℃)时钢绞线的长度(mm); L_1 为温度 t_1 (℃)时钢绞线的长度(mm); L_0 为常温(即 $T_0 = 20$ ℃)时钢绞线的长度(mm)。

平均线膨胀系数可通过式（3.2）计算，结果见表 3.3。

表 3.3　钢绞线在不同温度和预应力水平下的平均线膨胀系数

编号	参数	温度/℃									Cov
		20~0	20~-20	20~-40	20~-60	20~-80	20~-100	20~-120	20~-140	20~-165	
A	$\alpha_{m,T}$	12.10	11.80	11.50	11.20	10.90	10.60	10.30	10.00	9.60	—
	$\alpha_{m,P}$	12.00	11.80	11.60	11.30	11.10	10.80	10.50	10.20	9.70	—
	$\alpha_{m,T}/\alpha_{m,P}$	1.01	1.00	0.99	0.99	0.98	0.98	0.98	0.98	0.99	0.99/0.01
B	$\alpha_{m,T}$	13.90	13.60	13.30	13.00	12.70	12.40	12.10	11.80	11.40	—
	$\alpha_{m,P}$	13.60	13.40	13.10	12.90	12.60	12.30	11.90	11.60	11.00	—
	$\alpha_{m,T}/\alpha_{m,P}$	1.02	1.01	1.02	1.01	1.01	1.01	1.02	1.02	1.04	1.02/0.01
C	$\alpha_{m,T}$	14.40	14.10	13.70	13.40	13.10	12.70	12.40	12.00	11.60	—
	$\alpha_{m,P}$	14.10	13.80	13.60	13.30	13.00	12.70	12.30	12.00	11.40	—
	$\alpha_{m,T}/\alpha_{m,P}$	1.02	1.02	1.01	1.01	1.01	1.00	1.01	1.00	1.02	1.01/0.01
D	$\alpha_{m,T}$	14.70	14.40	14.10	13.70	13.40	13.10	12.80	12.50	12.10	—
	$\alpha_{m,P}$	14.80	14.50	14.20	14.00	13.70	13.30	12.90	12.50	12.00	—
	$\alpha_{m,T}/\alpha_{m,P}$	0.99	0.99	0.99	0.98	0.98	0.98	0.99	1.00	1.01	0.99/0.01
E	$\alpha_{m,T}$	15.30	14.90	14.60	14.20	13.90	13.60	13.20	12.90	12.40	—
	$\alpha_{m,P}$	15.30	15.00	14.70	14.40	14.10	13.80	13.40	13.00	12.40	—
	$\alpha_{m,T}/\alpha_{m,P}$	1.00	0.99	0.99	0.99	0.99	0.99	0.99	0.99	1.00	1.02/0.01

注：$\alpha_{m,T}$ 为试验平均热膨胀系数；$\alpha_{m,P}$ 为式（3.2）预测的平均热膨胀系数；$\alpha_{m,T}/\alpha_{m,P}$ 为试验值与预测值的比值。

图 3.5 所示为不同预应力水平下钢绞线平均线膨胀系数随温度变化的散点图。可以看出，温度从 -165 ℃升高到 0 ℃，钢绞线的平均线膨胀系数几乎线性增加。例如，当预应力水平为 0.4 时，随着温度从 -165 ℃升高至 -140 ℃、-120 ℃、-100 ℃、-80 ℃、-60 ℃、-40 ℃、-20 ℃和 0 ℃，钢绞线的 α_m 值分别增加了 4%、6%、9%、11%、14%、17%、19% 和 22%。此外，预应力水平的增加也会使平均线膨胀系数增加。例如，在 -120 ℃时，随着预应力水平从 0 增加到 0.40、0.50、0.65 和 0.75，钢绞线的 α_m 值分别增加了 14%、17%、21% 和 28%。因此，在分析钢绞线的平均线膨胀系数时需要考虑温度和预应力水平这两个参数。

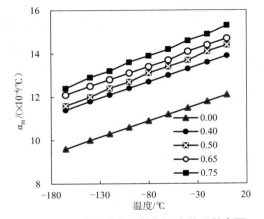

图 3.5　平均线膨胀系数与温度关系散点图

4. 分析和讨论

以往的试验结果表明,低温和预应力水平对线膨胀系数有显著影响。本节试图建立钢绞线的瞬间线膨胀系数 α_t (或平均线膨胀系数 α_m)与温度 T、预应力水平 β_p 等边界条件之间的解析关系。表 3.2 和表 3.3 所列的数据通过回归分析可用于提出数学公式。钢绞线的瞬间线膨胀系数与温度的关系如图 3.6 所示。

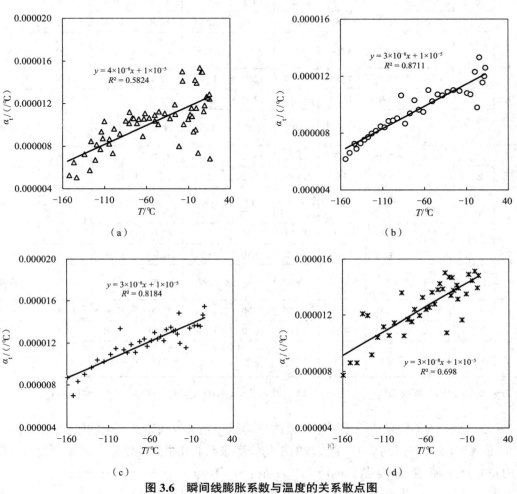

图 3.6 瞬间线膨胀系数与温度的关系散点图

（a）A2 （b）A3 （c）B1 （d）C2

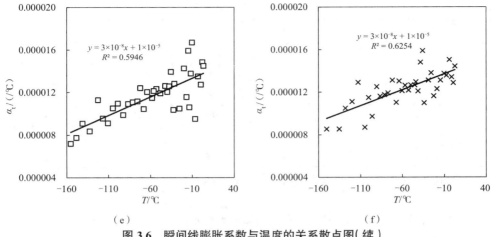

（e） （f）

图 3.6 瞬间线膨胀系数与温度的关系散点图（续）

（e）D2 （f）E2

考虑到 T 和 β_p 对 α_t 和 α_m 的影响因子为 $0 \sim 1$ 或略大于 1.0，回归分析采用一般指数模型。由于试验结果证实了这两个关键参数的重要性，因此假设的指数模型如下：

$$\alpha_t = AT^B \mathrm{e}^{C\beta_p} \tag{3.3}$$

$$\alpha_m = DT^E \mathrm{e}^{F\beta_p} \tag{3.4}$$

其中，A、B、C、D、E、F 为常数，可以通过回归分析得出；T 为温度（K）；β_p 为预应力水平。

为便于对这两个模型进行线性回归分析，对式（3.3）和式（3.4）进行对数变换。从回归分析中选择预测因子的方法有很多，包括逐步回归法、前向选择法、后向排除法和最佳子集法。本节采用最佳子集法对预应力混凝土中钢绞线线膨胀系数预测的重要性进行了评价，并选择合适的预测因子子集，建立了预测回归模型。最佳子集法评价回归模型拟合的指标包括回归的标准误差 S、相关系数 R^2 和 Mallow's C_p 指数。标准误差 S 通常用来描述回归模型预测数据的标准差。相关系数 R^2 描述了试验数据的比例，可以用建立的回归模型来描述，其值在 $0 \sim 1.0$ 范围内。对于从 n 个预测因子（$p < n$）中发展出的 p 个预测因子的回归模型，Mallow's C_p 值较低（不大于 p）的变量子集为优选子集。

在满足上述 3 个评价标准后，采用最佳子集法进行回归分析。考虑了预测因子的不同组合，回归结果见表 3.4。基于这些回归分析，总结出以下结论。

（1）对 α_t 和 α_m 的回归分析表明，采用低温 T、预应力水平 β_p 两个预测因子的回归模型具有较高的相关性和较低的 Mallow's C_p 值，表明模型优于仅采用单一预测因子的模型。

（2）满足上述标准，推荐用表 3.4 中的回归模型 3AT 和 6AM 预测钢绞线在低温和预应力耦合作用下的性能。这两种模型的相关系数 R^2 较大（模型 3AT 为 0.98，模型 6AM 为 0.99），标准误差 S 较小（模型 3AT 为 0.02，模型 6AM 为 0.01），Mallow's C_p 值较小（模型 3AT 和模型 6AM 均为 3）。

表 3.4 最佳子集法回归分析

系数	模型	n	R^2	Mallow's C_p	S	$\ln T$	β_p
α_t	1AT	1	0.73	1 024	0.10		x^a
	2AT	1	0.24	2 935	0.16	x	
	3AT	2	0.98	3	0.02	x	x
α_m	4AM	1	0.60	1 042	0.07		x
	5AM	1	0.36	1 067	0.09	x	
	6AM	2	0.99	3	0.01	x	x

注:n 为所考虑的预测因子的个数;上标 a 表示最优子集回归分析中考虑的预测因子。

推荐的预测低温和预应力耦合作用下钢绞线线膨胀系数的数学模型如下:

$$\alpha_t = 0.575T^{0.534}e^{0.354\beta_p} \tag{3.5}$$

$$\alpha_m = 3.353T^{0.227}e^{0.322\beta_p} \tag{3.6}$$

其中,α_t、α_m 分别为钢绞线在温度和预应力耦合作用下的瞬间和平均线膨胀系数($\times 10^{-6}/℃$);T 为温度(K),128 K $\leqslant T \leqslant$ 293 K;β_p 为预应力水平,$\beta_p = f_t/f_{tk}$,其值在 0~1.0 内。

图 3.7 和图 3.8 比较了瞬间线膨胀系数和平均线膨胀系数的预测值与试验值。结果表明,建立的数学模型能够较准确地描述低温和预应力耦合作用下钢绞线的线膨胀系数,所有的预测结果均在 ±10% 的误差范围内。因此,式(3.5)和式(3.6)可用于预测低温(-165~20 ℃)下钢绞线的瞬间线膨胀系数和平均线膨胀系数。然而,式(3.5)和式(3.6)仅根据本节试验数据得出,仍需要其他研究学者更多的试验数据来进一步验证。

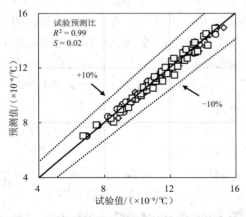

图 3.7 瞬间线膨胀系数预测值与试验值比较

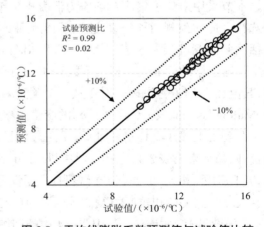

图 3.8 平均线膨胀系数预测值与试验值比较

5. 结论

本节首次研究了预应力混凝土结构中钢绞线在不同低温(-165~20 ℃)和预应力水平(0~β_p)耦合作用下的线膨胀系数,分析和讨论了低温和预应力水平对钢绞线线膨胀性能的影响。根据试验结果进行回归分析,建立了回归模型。基于试验和分析,得出以下结论。

(1)随着温度从 20 ℃降至 -165 ℃,钢绞线的瞬间和平均线膨胀系数显著降低,当预应力水平分别为 0、0.4、0.5、0.65、和 0.75 时,瞬间线膨胀系数分别减小了 42%、37%、40%、37% 和 38%,平均线膨胀系数分别降低了 21%、18%、20%、18% 和 19%。

（2）提高钢绞线的预应力,可使钢绞线在不同低温下的瞬间和平均线膨胀系数均有所提高。随着预应力水平从 0 增加到 0.75,钢绞线在 -165~0 ℃不同低温下的瞬间线膨胀系数（或平均线膨胀系数）平均增加了 26%~37%（或 26%~29%）。

（3）基于试验数据建立回归模型,式（3.5）和式（3.6）分别预测在低温区间 -165~0 ℃和不同预应力水平 0~0.75 下钢绞线的瞬间和平均线膨胀系数,所建立的模型对结果预测的有效性验证了回归模型的准确性。

（4）式（3.5）和式（3.6）用于不同低温（-165~0 ℃）和预应力水平 0~0.75 下钢绞线的瞬间和平均线膨胀系数,然而预测结果和回归模型只是基于有限的试验数据,这些结果和模型可能只适用于特定的条件,其广泛适用性还需要进一步验证。

3.2　低温对钢绞线应力松弛性能的影响

本节通过 18 个七芯预应力钢绞线试件研究钢绞线在不同预应力水平和温度耦合条件下的应力松弛情况,共设置 3 个预应力水平 P_r（$P_r = F_t/F_u$, F_t 为施加在钢绞线上的预应力（MPa）, F_u 为钢绞线的极限抗拉强度（MPa, 0.75、0.65、0.5）和 4 个温度点（20 ℃、-40 ℃、-100 ℃和 -165 ℃）作为分析变量,试验在带有环境箱的试验机上进行,利用液氮对试件进行降温,利用特制的预应力装置完成预应力的加载。

本试验的目的是得到低温及预应力水平对应力松弛性能的影响,根据试验结果进行回归分析,建立对应的数学模型,并在此基础上提出低温和预应力组合作用下钢绞线松弛的设计建议。

3.2.1　试样信息

本试验采用直径为 15.2 mm 的七芯钢绞线（表 3.5）,钢丝弹性模量、屈服强度和断裂应变分别为 198 GPa、1 860 MPa 和 0.05,通过拉伸试验获得的极限拉力为 264.18 kN。

表 3.5　试件信息

试件编号	T/℃	预应力水平 P_r	试件编号	T/℃	预应力水平 P_r
A1-1, A1-2	20	0.75	C1-1, C1-2	-100	0.75
A2-1, A2-2	20	0.65	C2-1, C2-2	-100	0.65
A3-1, A3-2	20	0.5	D1-1, D1-2	-165	0.75
B1-1, B1-2	-40	0.75	D2-1, D2-2	-165	0.65
B2-1, B2-2	-40	0.65	—	—	—

3.2.2　试验装置

在本试验中,各试件需要分别考虑不同的预应力和低温温度,为实现这一目标,试验设置了一个带有环境箱的测试装置(图 3.9),该装置有以下特点:液氮通过电磁阀喷入由绝缘保温板制成的环境箱,使试样温度降至目标温度,为准确监测环境温度,在钢绞线的不同位置放置了 5 个 PT100 型温度传感器。本试验使用液压千斤顶在钢绞线上施加预应力,为避免试验框架的变形而引起的钢绞线应力松弛的误差,使框架刚度足够大,设有 4 根钢柱,总横截面面积为 19 804 mm²,为钢绞线的 140 倍。

具体的试验流程如下。首先,将钢绞线固定在加载设备上并放入环境箱,钢绞线上端用锚具和垫板固定,在框架外放置压力传感器以监测钢绞线拉力。其次,在钢绞线上固定温度传感器以监测环境温度,充液氮进行降温。根据《金属材料 拉伸应力松弛试验方法》(GB/T 10120—2013)[3] 的规定,将钢绞线降温到目标温度并持温 1 h,以保证钢绞线应力松弛试验的准确性。图 3.10 所示为 5 个传感器测得的部分试件的温度。最后,分级对钢绞线进行加载,第一阶段对钢绞线施加 $0.2F_0$(F_0 为初始力)的力,第二阶段对钢绞线从 $0.2F_0$ 到 $1.0F_0$ 进行预应力加载,第三阶段保持目标预应力 F_0,此时将计时器设置为零,这个时间点为 t_0。在钢绞线的末端安装两个线性位移传感器,以监测钢绞线滑移位移。

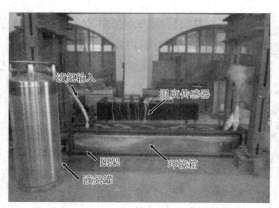

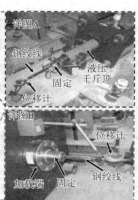

图 3.9　试验装置

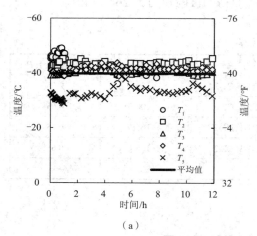
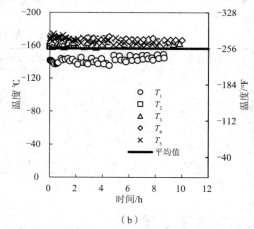

（a）　　　　　　　　　　　　　　　　　　（b）

图 3.10　试件 B2-2 和 D1-2 的温度 - 时间曲线

（a）试件 B2-2　（b）试件 D1-2

3.2.3　低温下钢绞线应力松弛持续时间

根据《预应力混凝土用钢材试验方法》（GB/T 21839—2019）[4]，常温下预应力钢绞线应力松弛需要持续 100 h。然而在低温下，每次应力松弛测试 100 h 是十分昂贵和耗时的。因此，在本试验中只有 A 组的 6 个试件和 B1-1 试件持续 100 h，其他试件均持续 12 h。基于 12 h 的测试数据，本节提出了数学模型，以预测 100 h 以下的应力松弛行为，并对 100 h 以下的测试数据进行了修正，得出的数学模型有助于预测钢绞线在不同温度下的应力松弛行为。

3.2.4　试验结果和讨论

1. 低温下钢绞线应力松弛修正

在钢绞线的应力松弛试验中，温度变化引起的线膨胀会使钢绞线产生应力，温度变化（ΔT）与应力变化（$\Delta\sigma$）关系如下：

$$\Delta\sigma = \Delta\varepsilon E_s = \alpha_t \Delta T E_s \tag{3.7}$$

其中，α_t 为线膨胀系数（/℃）；E_s 为弹性模量（MPa）。

对于本试验中使用的屈服强度为 1 860 MPa 的钢绞线而言，±1 ℃的温度变化会产生约 2 MPa 的热膨胀应力，大约松弛 100 h 后预应力损失 10%。因此，本试验必须考虑线膨胀影响。

图 3.11 所示为钢绞线和测试装置的详细尺寸。热膨胀产生的力主要包括 3 个部分：环境箱内钢绞线热膨胀（长度等于 l_3）产生的力，环境箱左右两侧钢绞线热膨胀（长度等于 $l_1 + l_2$）产生的力，框架热膨胀产生的力。

第一部分环境箱内钢绞线热膨胀产生的力：

$$\Delta F_1 = \alpha_m \times (T_n - T_0) \times E_s \times l_3/l \times A_{ps} \tag{3.8}$$

其中，ΔF_1 为环境箱内钢绞线热膨胀产生的力（N）；T_n 为 t_n 时刻环境箱内的温度（℃）；T_0 为 t_0 时刻环境箱内的温度（℃）；α_m 为温度（$T_n + T_0$）/2 时的线膨胀系数（/℃）；l_3 为环境箱内钢绞线的长度（mm）；l 为钢绞线的总长度（mm）；A_{ps} 为钢绞线的横截面面积（mm²）。

第二部分环境箱左右两侧钢绞线热膨胀产生的力：

$$\Delta F_{o,l} = \alpha_{m,l} \times (T_{n,l} - T_{0,l}) \times E_s \times l_1/l \times A_{ps} \tag{3.9}$$

$$\Delta F_{o,r} = \alpha_{m,r} \times (T_{n,r} - T_{0,r}) \times E_s \times l_2/l \times A_{ps} \tag{3.10}$$

其中，$\Delta F_{o,l}$ 为 l_1 长度方向的修正力（N）；$\Delta F_{o,r}$ 为 l_2 长度方向的修正力（N）；$\alpha_{m,l}$ 为温度（$T_{nl} + T_{0l}$）/2 时的线膨胀系数（/℃）；$\alpha_{m,r}$ 为温度（$T_{n,r} + T_{0,r}$）/2 时的线膨胀系数（/℃）；$T_{n,l}$ 为 t_n 时刻图 3.11 所示位置 A 处温度与室温的平均值（℃）；$T_{n,r}$ 为 t_n 时刻图 3.11 所示位置 D 处温度与室温的平均值（℃）；$T_{0,l}$ 为 t_0 时刻图 3.11 所示位置 A 处温度与室温的平均值（℃）；$T_{0,r}$ 为 t_0 时刻图 3.11 所示位置 D 处温度与室温的平均值（℃）；l_1、l_2 分别为图 3.11 所示钢绞线的长度（mm）。

第三部分框架热膨胀产生的力：

$$\Delta F_F = \alpha_{t,f} \times (T_n - T_0) \times E_s \times l_3/l \times A_{ps} \tag{3.11}$$

其中，ΔF_{F} 为框架修正力（N）；$\alpha_{\mathrm{t,f}}$ 为图 3.11 中框架的线膨胀系数（/℃）；l_3 为图 3.11 所示钢绞线的长度（mm）。

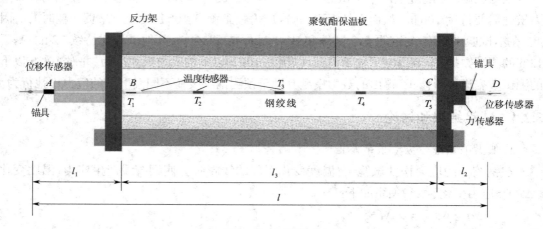

图 3.11　试验装置

除对温度变化引起的试验误差进行了修正外，还对试验过程中应变变化导致的试验误差进行了如下修正：

$$\Delta F = (X_{\mathrm{n}} - X_0) \times E_{\mathrm{s}}/l_3 \times A_{\mathrm{ps}} \tag{3.12}$$

其中，X_{n} 为该时刻前、后千分表读数之和（mm）；X_0 为 t_0 时刻前、后千分表读数之和（mm）；l_3 为钢绞线长度（mm）。

需要考虑以上各力，以得到钢绞线的实际应力来考虑应力松弛。

2. 应力松弛行为

定义预应力松弛度 R 为预应力损失的程度，有

$$R = \frac{\sigma_{\mathrm{s,0}} - \sigma_{\mathrm{s,}t}}{\sigma_{\mathrm{s0}}} \tag{3.13}$$

其中，$\sigma_{\mathrm{s,0}}$ 为初始应力（MPa）；$\sigma_{\mathrm{s,}t}$ 为 t 时刻的应力（MPa）。

表 3.6 给出了不同预应力水平和低温下的平均应力松弛率。图 3.12 所示为钢绞线在环境温度下随时间变化的代表性预应力和松弛速率曲线。图 3.13 至图 3.15 表明，随着时间 t 的增加，在环境温度和低温条件下，钢绞线的预应力都会减小。钢绞线在预应力施加后的前 5 h 内表现出的松弛率最高。在预应力施加后的 5～20 h，钢绞线的松弛速率会减慢；20 h 后，钢绞线松弛速率放慢并变得稳定。例如，对于 -40 ℃低温下的钢绞线，预应力施加后 5 h、20 h 和 100 h 的松弛率分别约为 0.5%、0.7% 和 0.8%。

表 3.6 钢绞线预应力松弛率的试验和预测结果

编号	P_r	t/h	$R/\%$	$R_p/\%$	R/R_p	编号	P_r	t/h	$R/\%$	$R_p/\%$	R/R_p
A1	0.75	0.3	0.32	0.45	0.71	A3	0.5	0.3	0.17	0.20	0.85
	0.75	0.5	0.42	0.51	0.82		0.5	0.5	0.26	0.23	1.13
	0.75	1.0	0.53	0.57	0.93		0.5	1.0	0.30	0.25	1.20
	0.75	2.0	0.58	0.63	0.92		0.5	2.0	0.39	0.28	1.39
	0.75	5.0	0.71	0.73	0.97		0.5	5.0	0.41	0.33	1.24
	0.75	8.0	0.73	0.79	0.92		0.5	8.0	0.37	0.35	1.06
	0.75	10.0	0.74	0.82	0.90		0.5	13.0	0.39	0.36	1.08
	0.75	15.0	0.85	0.87	0.98		0.5	15.0	0.41	0.39	1.05
	0.75	20.0	0.92	0.91	1.01		0.5	20.0	0.45	0.41	1.10
	0.75	30.0	0.98	0.98	1.00		0.5	30.0	0.47	0.43	1.09
	0.75	40.0	1.00	1.02	0.98		0.5	40.0	0.40	0.45	0.89
	0.75	50.0	1.13	1.06	1.07		0.5	50.0	0.57	0.47	1.21
	0.75	60.0	1.20	1.09	1.10		0.5	60.0	0.48	0.48	1.00
	0.75	70.0	1.37	1.12	1.22		0.5	70.0	0.57	0.50	1.14
	0.75	100.0	1.34	1.18	1.14		0.5	100.0	0.66	0.53	1.25
A2	0.65	0.3	0.21	0.34	0.62	B1	0.75	0.3	0.47	0.44	1.07
	0.65	0.5	0.29	0.38	0.76		0.75	0.5	0.43	0.50	0.86
	0.65	1.0	0.37	0.43	0.86		0.75	1.0	0.44	0.55	0.80
	0.65	2.0	0.44	0.48	0.92		0.75	2.4	0.46	0.64	0.72
	0.65	5.0	0.61	0.55	1.11		0.75	4.9	0.54	0.71	0.76
	0.65	8.0	0.66	0.59	1.12		0.75	8.0	0.53	0.77	0.69
	0.65	10.0	0.70	0.62	1.13		0.75	20.0	0.71	0.89	0.80
	0.65	15.0	0.77	0.66	1.17		0.75	29.0	0.70	0.95	0.74
	0.65	20.0	0.80	0.69	1.16		0.75	40.0	0.67	1.00	0.67
	0.65	30.0	0.90	0.73	1.23		0.75	50.0	0.72	1.03	0.70
	0.65	40.0	0.97	0.77	1.26		0.75	66.0	0.78	1.08	0.72
	0.65	50.0	1.05	0.80	1.31		0.75	71.0	0.84	1.09	0.77
	0.65	60.0	0.99	0.82	1.21		0.75	80.0	0.87	1.12	0.78
	0.65	70.0	1.10	0.84	1.31		0.75	89.0	0.78	1.13	0.69
	0.65	100.0	1.23	0.89	1.38		0.75	98.9	0.95	1.15	0.83

编号	P_r	t/h	R/%	R_p/%	R/R_p	编号	P_r	t/h	R/%	R_p/%	R/R_p
B2	0.65	0.3	0.32	0.33	0.97	C2	0.65	0.3	0.34	0.34	1.00
	0.65	0.5	0.35	0.37	0.95		0.65	0.7	0.41	0.38	1.08
	0.65	1.1	0.42	0.42	1		0.65	1.0	0.46	0.41	1.12
	0.65	2.0	0.44	0.46	0.96		0.65	2.1	0.49	0.45	1.09
	0.65	3.1	0.46	0.50	0.92		0.65	3.1	0.54	0.48	1.13
	0.65	4.1	0.49	0.52	0.94		0.65	4.2	0.55	0.51	1.08
	0.65	5.0	0.49	0.54	0.91		0.65	5.1	0.54	0.52	1.04
	0.65	6.8	0.52	0.56	0.93		0.65	6.0	0.55	0.54	1.02
	0.65	7.9	0.53	0.58	0.91		0.65	7.0	0.57	0.55	1.04
	0.65	10.1	0.57	0.60	0.95		0.65	8.5	0.59	0.57	1.04
	0.65	10.7	0.54	0.61	0.89		0.65	10.1	0.59	0.58	1.02
	0.65	11.6	0.57	0.62	0.92		0.65	11.4	0.59	0.59	1.00
	0.65	12.0	0.56	0.62	0.90		0.65	12.1	0.59	0.60	0.98
	0.65	13.5	0.63	0.63	1.00		0.65	12.8	0.59	0.61	0.97
	0.65	14.4	0.64	0.64	1.00		0.65	13.2	0.61	0.61	1.00
C1	0.75	0.2	0.51	0.42	1.21	D1	0.75	0.5	0.64	0.46	1.39
	0.75	0.5	0.66	0.47	1.40		0.75	1.0	0.74	0.51	1.45
	0.75	1.0	0.77	0.54	1.43		0.75	2.1	0.79	0.57	1.39
	0.75	2.2	0.84	0.61	1.38		0.75	2.9	0.85	0.61	1.39
	0.75	3.1	0.85	0.64	1.33		0.75	4.1	0.82	0.64	1.28
	0.75	4.0	0.85	0.67	1.27		0.75	4.9	0.81	0.66	1.23
	0.75	5.1	0.84	0.70	1.20		0.75	6.3	0.89	0.69	1.29
	0.75	6.2	0.87	0.72	1.21		0.75	7.0	0.88	0.70	1.26
	0.75	7.1	0.90	0.73	1.23		0.75	8.2	0.90	0.72	1.25
	0.75	9.5	0.94	0.77	1.22		0.75	8.6	0.88	0.72	1.22
	0.75	10.5	0.96	0.78	1.23		0.75	9.0	0.81	0.73	1.11
	0.75	11.7	0.98	0.80	1.23		0.75	9.5	0.89	0.73	1.22
	0.75	12.0	0.99	0.80	1.24		0.75	10.0	0.88	0.74	1.19
	0.75	12.5	0.88	0.80	1.10		0.75	10.5	0.95	0.74	1.28
	0.75	13.0	0.89	0.81	1.10		0.75	12.0	0.94	0.76	1.24

编号	P_r	t/h	R/%	R_p/%	R/R_p	编号	P_r	t/h	R/%	R_p/%	R/R_p
D2	0.65	1.1	0.43	0.39	1.10	D2	0.65	7.0	0.33	0.52	0.63
	0.65	2.1	0.37	0.43	0.85		0.65	8.1	0.39	0.54	0.72
	0.65	3.1	0.30	0.46	0.65		0.65	9.0	0.33	0.55	0.60
	0.65	4.6	0.33	0.49	0.67		0.65	10.2	0.38	0.56	0.68
	0.65	5.3	0.37	0.50	0.74		0.65	10.6	0.36	0.56	0.64

注:P_r 为预应力水平;R_p 为预测松弛率;R 为材料松弛率。

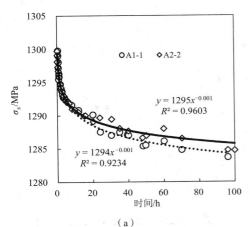
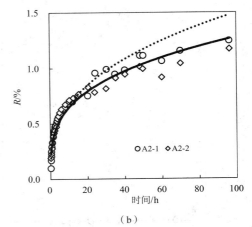

（a）　　　　　　　　　　　　　　　（b）

图 3.12　20 ℃时试件 A2-1 和 A2-2 的预应力 - 时间曲线和松弛率 - 时间曲线
（a）预应力 - 时间曲线　（b）松弛率 - 时间曲线

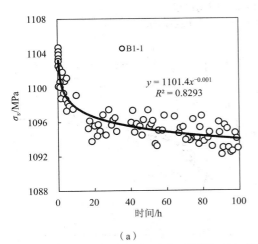
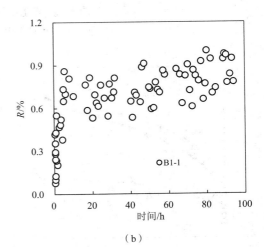

（a）　　　　　　　　　　　　　　　（b）

图 3.13　-40 ℃时试件 B1-1 的预应力 - 时间曲线和松弛率 - 时间曲线
（a）预应力 - 时间曲线　（b）松弛率 - 时间曲线

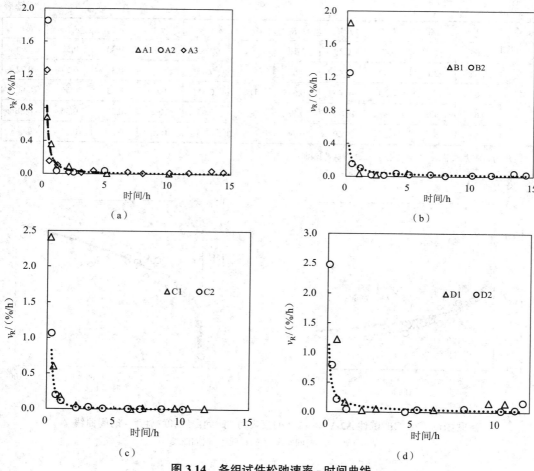

图 3.14　各组试件松弛速率 - 时间曲线

（a）试件 A1-3　（b）试件 B1-2　（c）试件 C1-2　（d）试件 D1-2

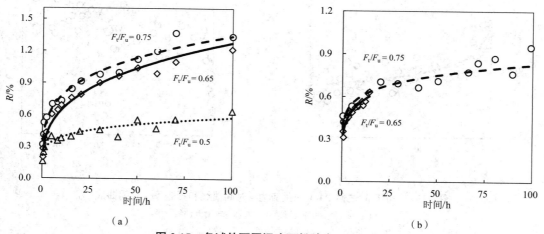

图 3.15　各试件不同温度下松弛率 - 时间曲线

（a）20 ℃,试件 A1-3　（b）-40 ℃,试件 B1-2

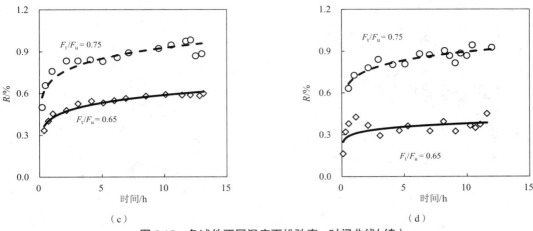

图 3.15　各试件不同温度下松弛率 - 时间曲线(续)

(c)-100 ℃, 试件 C1-2　(d)-165 ℃, 试件 D1-2

3. 试验时间对钢绞线松弛的影响

钢绞线的松弛率随着时间 t 的增加而增加。在对钢绞线施加预应力后,松弛率急剧增加,然后减速。本节根据试验数据对松弛速率 v_R 与时间的关系进行了分析,有

$$v_R = \frac{R_{t_2} - R_{t_1}}{t_2 - t_1} \qquad (3.14)$$

其中, R_{t_2} 为 t_2 时刻预应力松弛率; R_{t_1} 为 t_1 时刻预应力松弛率。

图 3.14 显示了不同低温下钢绞线随时间的应力松弛速率变化。大约在 0.5 h 内,钢绞线松弛速率最高,大约 1 h 后, v_R 保持稳定。例如,在 0.25 h 时,样本 A1-3 的 v_R 为 0.7%/h; 0.5 h 后, v_R 下降至 0.35%/h;经过 5 h 后, v_R 降至 0.008%/h,并保持低松弛速率直到测试结束。随着温度从 20 ℃下降到 -40 ℃、-100 ℃和 -165 ℃,钢绞线的 v_R 分别从 0.7%/h 增加到 1.8%/h、2.4%/h 和 2.5%/h,这意味着低温加速了钢绞线的应力松弛速率。

4. 预应力对钢绞线松弛作用的影响

本试验用预应力钢绞线的预应力与极限强度的比值(F_t/F_u)来描述预应力水平。图 3.15 绘制了 F_t/F_u 在 20 ℃、-40 ℃、-100 ℃和 -165 ℃下对松弛率 R 的影响。该图显示,对于相同温度下的钢绞线,温度越高,预应力水平对松弛率的影响就越大。例如,对于常温下的试件 A1~A3,在 F_t/F_u 为 0.75 的预应力水平下,随着时间从 5 h 增加到 100 h, R 提高了 99% (从 0.71% 提高到 1.41%);在 F_t/F_u 为 0.5 的预应力水平下, R 提高了 61%(从 0.41% 提高到 0.66%)。这是因为预应力加速了钢绞线中能量的流动,从而加速了应力松弛。

图 3.16 显示了在 F_t/F_u 为 0.75 和 0.65 预应力水平下,温度对钢绞线松弛率的影响。对于 F_t/F_u 为 0.75 下的钢绞线,随着温度从常温降至 -40 ℃, R 首先降低,但随着温度下降到 -40 ℃、-100 ℃和 -165 ℃,温度降低对 R 影响不大。与 F_t/F_u 的影响相比,温度对 R 的影响较小,因此在分析 R 时需要考虑时间、预应力水平和温度的影响。

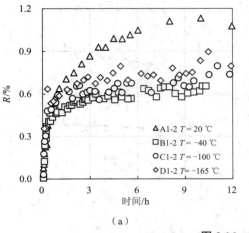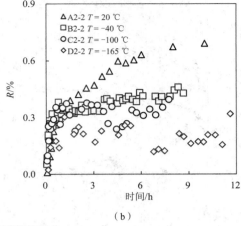

（a）　　　　　　　　　　　　　　　　（b）

图 3.16　松弛率 - 时间曲线

（a）$F_t/F_u = 0.75$　（b）$F_t/F_u = 0.65$

5. 应力松弛率回归分析

试验结果表明,时间 t、预应力水平 P_r、低温 T 对钢绞线松弛率 R 存在影响,因此提出了一个公式来描述 R 与 t、P_r、T 之间的关系。从试验结果和讨论中,可以得出该指数回归模型如下:

$$R = \alpha t^{\beta} P_r^{\gamma} T^{\eta} \qquad (3.15)$$

其中,α、β、γ、η 为从回归分析中得到的常数。

在对式(3.15)做对数变换后进行了线性回归分析。在回归分析中,有许多选择和评价预测因子的方法,例如向后消除法、向前消除法、逐步消除法和最佳子集法。本节采用最佳子集法进行回归分析。最优子集模型的确定需要考虑 3 个标准: Mallows's C_p 系数,相关系数 R^2 以及标准差 S。Mallows's C_p 系数用于从模型的多个自变量中选择自变量子集,该系数越小,模型越准确;相关系数 R^2 为 0~1 的值,用于判定回归模型与试验数据的相关程度;标准差 S 用于判定数据的离散程度。

可用以下回归模型来预测钢绞线在低温下的松弛率:

$$R_p = 0.561 t^{0.16} P_r^{2.0} T^{0.1} \qquad (3.16)$$

其中,R_p 为低温和预应力耦合作用下钢绞线的应力松弛率(%)。

表 3.7 为松弛率预测值 R_p 与试验值 R 的比较。134 个数据点的试验预测比为 1.02,变异系数为 0.21,误差可能是由于预应力技术和环境箱内温度分布不均导致的。回归分析表明,模型 e 的 3 个预测因子提供了 70.1% 的最高相关率,标准差 S 为 0.23, Mallows's C_p 系数为 4.0,这意味着有 3 个预测因子的模型为最佳。

表 3.7　最优子集法回归分析

模型	参数	n	R^2/%	Mallow's C_p	S	$\ln t$	$\ln P_r$	$\ln T$
a	$\ln R$	1	35.7	147.5	0.33	√		
b	$\ln R$	1	30.7	168.6	0.34		√	

模型	参数	n	$R^2/(\%)$	Mallow's C_p	S	$\ln t$	$\ln P_r$	$\ln T$
c	$\ln R$	2	69.2	5.4	0.23	√	√	
d	$\ln R$	2	36.7	145.2	0.33	√		√
e	$\ln R$	3	70.1	4.0	0.23	√	√	√

6. 结论

本节对钢绞线在不同预应力水平(0.5~0.75)和温度(-165~20 ℃)组合下的应力松弛行为进行了试验和分析。基于对数据的回归分析提出了一个数学模型来描述松弛率与参数之间的关系。基于试验结果和分析,得出以下结论。

(1)预应力施加 0.5 h 内,松弛率显著降低;5 h 后,松弛率稳定,直到 100 h 后试验结束。随着温度从 20 ℃下降至 -40 ℃、-100 ℃和 -165 ℃,前 0.5 h 松弛速率从 0.7%/h 增加到 1.8%/h、2.4%/h 和 2.5%/h。

(2)预应力与极限强度的比值 F_t/F_u 对松弛率有积极影响。当温度一定时,F_t/F_u 为 0.75 的钢绞线的松弛率从 5 h 到 100 h 增大了 99%,F_t/F_u 为 0.5 的钢绞线的松弛率从 5 h 到 100 h 增大了 61%。

(3)在不同预应力水平下,相比钢绞线在常温下的应力松弛率,低温下略有减小,当温度低于 -40 ℃时,该影响将减弱;低温对应力松弛的影响小于预应力。

(4)基于最佳子集法对试验数据进行回归分析,建立了式(3.16)来预测低温(-165~20 ℃)和不同预应力水平(0.5~0.75)下钢绞线的松弛率。134 个试验数据点的平均试验预测比为 1.02,变异系数为 0.21,说明式(3.16)可用于预测不同预应力水平和不同低温下钢绞线的松弛率。

(5)试验结果和回归模型是基于有限的试验数据得到的,试验结果和回归模型可能只在某些条件下适用,回归模型的有效性还需进一步验证。

参考文献

[1]　中国钢铁工业协会. 金属材料热膨胀特征参数的测定: GB/T 4339—2008[S]. 北京:中国标准出版社,2009.

[2]　YAN J B, XIE J. Experimental studies on mechanical properties of steel reinforcements under cryogenic temperatures[J]. Construction & building materials, 2017, 151: 661-672.

[3]　中国钢铁工业协会. 金属材料 拉伸应力松弛试验方法: GB/T 10120—2013[S]. 北京:中国标准出版社,2014.

[4]　中国钢铁工业协会. 预应力混凝土用钢材试验方法: GB/T 21839—2019[S]. 北京:中国标准出版社,2019.

第4章 低温环境下混凝土材料力学性能研究

本章主要研究在低温环境下温度、水灰比及含水率对混凝土抗压强度的影响,并分析其中的破坏机理,基于试验展开理论分析,提出用于描述低温环境下混凝土抗压强度增长系数与温度、水灰比及含水率等影响参数之间关系的本构模型,并为低温环境下混凝土抗压强度增长系数的设计公式提供试验基础。

4.1 试件的设计与制作

试验以《混凝土物理力学性能试验方法标准》(GB/T 50081—2019)[1] 为参考和依据,以温度、水灰比及含水率为主要参数进行试验分析。根据温度参数设计 A ~ F 共 6 组,每组温度下有 4 种含水率 W_c(0%、1%、3%、SW(完全饱和,约 5%))和 4 种水灰比 β($\beta = w/c$,其中 w 为水的质量,c 为水泥的质量,单位均为 kg,0.33、0.41、0.49、0.57),共 174 个试件,试件尺寸为 100 mm × 100 mm × 100 mm。表 4.1 列出了 4 种混凝土的配合比。

表 4.1 标准质量混凝土配合比

名称	水灰比	水泥/kg	水/kg	细骨料/kg	粗骨料/kg
R1	0.33	573	189	558	1 080
R2	0.41	510	209	601	1 080
R3	0.49	467	229	624	1 080
R4	0.57	411	234	648	1 107

含水率控制:①所有试件按照《蒸压加气混凝土性能试验方法》(GB/T 11969—2020)[2]进行干燥;②将干燥后的试件放入带有鼓风机的干燥箱中 24 h,干燥箱温度控制在(60 ± 5)℃;③将干燥箱温度控制在(80 ± 5)℃继续保持 24 h,随后将温度控制在(105 ± 5)℃使试件干燥至质量没有变化,记此时质量为 M_0(单位为 g);④将试件浸入水中,以一定的时间间隔 k 进行测量,直至目标含水率,记饱和后的试件质量为 M_1(单位为 g)。试块含水率 W_c 可根据下式确定:

$$W_c = \frac{M_1 - M_0}{M_0} \tag{4.1}$$

4.2 测试与测量

首先把所有混凝土立方体试件和 PT100 型温度传感器放入冷库并注入液氮,根据环境温度和 PT100 型温度传感器进行温控,将试件冷却至目标温度;达到目标温度后,将所有的混凝土试件移动至具有冷却室的试验机中。冷却室的环境低温由安装在其内的温度传感器和控制液氮的注入速度进行控制。在混凝土试件的受压试验中,热电偶与嵌入在混凝土试件中的温度传感器一起工作,用于控制目标温度。由此获得混凝土试件的极限抗压强度。

4.3　试验结果分析

表 4.2 列出了混凝土试件在不同低温下的抗压强度及平均抗压强度和变异系数(Cov)。

表 4.2　低温下所有混凝土试件抗压试验结果

名称	T/℃	β	W_c/%	f_{cu1}/MPa	f_{cu2}/MPa	f_{cu3}/MPa	f_{cu4}/MPa	f_{cu5}/MPa	$\bar{f}_{cu}$/MPa	Cov
AR1 W1	20	0.41	0.00	55.3	53.6	50.0	—	—	53.0	0.05
AR1 W2	20	0.41	1.10	51.7	51.6	52.9	—	—	52.1	0.01
AR1 W3	20	0.41	3.03	46.7	45	45.5	—	—	45.7	0.02
AR1 W4	20	0.41	5.34	43.0	45.4	41.2	—	—	43.2	0.05
AR2 W1	20	0.33	0.00	61.4	62.6	67.6	—	—	63.9	0.05
AR3 W1	20	0.49	0.00	44.5	39.9	41.1	—	—	41.8	0.06
AR4 W1	20	0.57	0.00	38.4	39.1	33.7	—	—	37.1	0.08
BR1 W1	0	0.41	0.00	65.0	65.5	69.1	69	68.4	67.4	0.03
BR1 W2	0	0.41	1.10	59.1	51.9	59.3	61.1	58.1	57.9	0.06
BR1 W3	0	0.41	2.95	53.9	56.0	55.3	50.9	50.2	53.3	0.05
BR1 W4	0	0.41	5.29	52.9	56.8	52.2	52.1	51.5	53.1	0.04
CR1 W1	−40	0.41	0.00	72.0	62.5	71.3	67.5	—	68.3	0.06
CR1 W2	−40	0.41	1.03	64.0	67.1	71.3	62.4	70.3	67.0	0.06
CR1 W3	−40	0.41	3.02	70.3	75.3	70.1	71.6	—	71.8	0.03
CR1 W4	−40	0.41	5.57	74.7	70.7	71.9	—	—	72.4	0.03
DR1 W1	−80	0.41	0.00	70.6	61.0	70.1	65.0	68.1	67.0	0.06
DR1 W2	−80	0.41	1.11	59.8	71.0	60.9	59.8	69.0	64.1	0.09
DR1 W3	−80	0.41	3.03	70.8	63.9	71.3	66.4	67.5	68.0	0.05
DR1 W4	−80	0.41	5.34	70.9	92.2	84.1	86.2	71.7	81.0	0.12
DR2 W1	−80	0.33	0.00	88.8	91.0	77.7	87.3	90.9	87.1	0.06
DR2 W2	−80	0.33	1.06	86.1	77.3	86.5	78.0	85.0	82.6	0.05
DR2 W3	−80	0.33	3.33	78.6	74.2	90.2	74.7	83.5	80.2	0.08
DR2 W4	−80	0.33	4.5	75.8	85.1	74.1	73.3	—	77.1	0.07
DR3 W1	−80	0.49	0.00	59.2	58.3	53.8	50.8	52.6	54.9	0.07
DR3 W2	−80	0.49	1.43	48.7	54.6	52.2	59.2	54.1	53.8	0.07
DR3 W3	−80	0.49	3.06	61.3	54.2	68.9	59.1	59.4	60.6	0.09

名称	$T/℃$	β	$W_c/\%$	f_{cu1}/MPa	f_{cu2}/MPa	f_{cu3}/MPa	f_{cu4}/MPa	f_{cu5}/MPa	$\overline{f}_{cu}/MPa$	Cov
DR3 W4	−80	0.49	5.95	70.9	92.2	86.2	71.7	84.8	81.2	0.12
DR4 W1	−80	0.57	0.00	37.2	32.3	35.7	38.2	—	35.9	0.07
DR4 W2	−80	0.57	1.65	41.3	44.5	44.3	38.6	41.5	42.0	0.06
DR4 W3	−80	0.57	3.06	58.7	58.2	62.8	58.1	59.7	59.5	0.03
DR4 W4	−80	0.57	6.22	95.9	87.0	90.1	84.6	106.1	92.7	0.09
ER1 W1	−120	0.41	0.00	84.9	72.1	72.6	73.5	79.6	76.5	0.07
ER1 W2	−120	0.41	1.14	65.0	76.2	74.6	72.5	75.5	72.8	0.06
ER1 W3	−120	0.41	3.08	79.8	82.1	81.7	90.9	87.3	84.4	0.05
ER1 W4	−120	0.41	5.81	84.0	91.1	86.2	96.5	90.7	89.7	0.05
FR1 W1	−165	0.41	0.00	84.3	81.0	82.6	82.6	83.0	82.7	0.01
FR1 W2	−165	0.41	1.43	82.1	88.8	83.5	75.8	76.4	81.3	0.07
FR1 W3	−165	0.41	2.91	86.4	95.4	87.2	95.0	97.2	92.2	0.05
FR1 W4	−165	0.41	5.54	94.8	98.0	90.6	—	—	94.5	0.04

注:$f_{cu1} \sim f_{cu5}$ 为混凝土试件的抗压强度;$\overline{f}_{cu}$ 为混凝土试件的平均抗压强度。

测量完所有试件的质量后,将所有试件用塑料袋密封隔绝空气中的水。

4.3.1　低温的影响

温度对混凝土试件抗压强度 f_{cu} 的影响如图 4.1 所示。该图表明,随着温度从 20 ℃降低到 −165 ℃,混凝土的抗压强度几乎呈线性增加。例如,对于水灰比为 0.41、W_c = 0% 的混凝土试件,当温度从 20 降低到 0 ℃、−40 ℃、−80 ℃、−120 ℃和 −165 ℃时,混凝土的平均抗压强度分别提高了 11%、29%、23%、40% 和 56%。这是因为随着温度从环境温度降低到零下温度,混凝土中的孔隙水、凝胶水和化学结合水结冰会增强标准质量混凝土(Normal Weight Concrete,NWC)的抗压强度。

此外,抗压强度的增长率受含水率的影响。如图 4.1 所示,随着含水率从 0% 分别增加到 1%、3% 和 5%,混凝土抗压强度的增长率(水灰比为 0.41)从 0.12 MPa/℃平均增加到 0.14 MPa/℃、0.24 MPa/℃和 0.28 MPa/℃。这是因为含水率决定了中等和大毛细管孔中水的饱和度(下文将会进一步解释)。

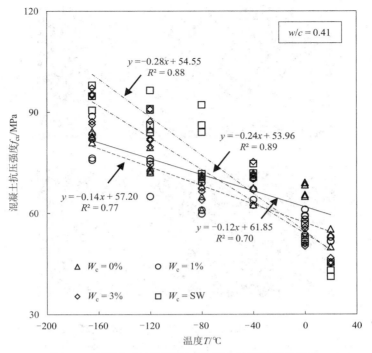

图 4.1　不同含水率下低温对混凝土抗压强度的影响

SW—完全饱和混凝土试件

在试验后取混凝土试件的中心,利用扫描电镜技术,可以观察到混凝土微观结构的变化。图 4.2(a)至(c)分别显示了在 0 ℃、-80 ℃和 -165 ℃试验后混凝土的代表性微观结构。如图 4.2(a)所示,在 0 ℃时混凝土开始形成少量针状或棒状晶体——硅酸钙水合物(C-S-H)凝胶,C-S-H 凝胶内部也有一些微裂纹。

在 -80 ℃时,完全饱和的混凝土试件的微观结构是多孔状的,且孔隙和微裂纹较多。选定范围放大到 10 μm,可观察到水泥水化凝胶呈丝状,在一些孔隙中有一些针状的水化产物,如图 4.2(b)所示。除此之外,还可观察到大孔没有被冰完全填充,但在一些孔中可以看到针状水合凝胶。与在 0 ℃时用扫描电镜技术观察到的微观结构相比,经 -80 ℃低温抗压试验后的混凝土试件有更多的气孔且其中一些气孔为桥接形式。在 -80 ℃低温水平下,大直径的孔隙没有被冰完全填满,冰和毛细血管壁之间有一层吸水层。随着温度的降低,这层水的厚度减小,表面张力增加,将更多的水吸收到毛细管中,这将产生明显的冻胀破坏。

(a)

图 4.2　不同低温下混凝土抗压试验后的扫描电镜微观结构

(a)BR1 W4($T = 0$ ℃, $w/c = 0.41$, $W_c = 5.29\%$)

（b）

（c）

图 4.2   不同低温下混凝土抗压试验后的扫描电镜微观结构（续）

（b）DR1 W4（$T = -80$ ℃，$w/c = 0.41$，$W_c = 5.34\%$）   （c）FR1 W4（$T = -165$ ℃，$w/c = 0.41$，$W_c = 5.54\%$）

如图 4.2（c）所示，经 -165 ℃的完全饱和混凝土的微观结构变得更加疏松，孔隙扩大并桥接贯通。将微观结构放大到 10 μm，可以观察到水泥水化凝胶呈六方晶体形式，在一些孔隙中还观察到水泥水化凝胶呈针状，独立封闭的小孔被桥接，形成新的毛细管。

从图 4.2 可以得出结论，随着温度的降低，混凝土的微观结构变得更加疏松，形成了更多的孔隙和微裂纹。这是因为在冷却过程中，毛细管中更多的水被冻结在冰中，冰的膨胀在混凝土中产生微裂纹。此外，由于毛细作用，更多的水被吸收到这些微裂纹中形成冰，桥接这些微裂纹。另一方面，结冰的孔隙产生了冰障，限制了混凝土的变形和混凝土中微裂纹的发展。

4.3.2   含水率的影响

图 4.3 显示了不同低温水平下含水率对混凝土抗压强度的影响。该图表明：①当温度高于 0 ℃时，含水率的提高对混凝土抗压强度没有改善；②对 -40 ℃低温下的混凝土，当含水率从 0% 增加到 5.57% 时，混凝土的抗压强度增加了 6%，这意味着含水率的影响不显著；③当温度降至 -40 ℃以下时，含水率对混凝土的抗压强度有显著影响。这是因为对于低含水率（例如小于 1%）的混凝土，中等和大毛细孔不能完全饱和。在低温下毛细孔中水凝结成的冰将不能填满所有孔隙，因此混凝土抗压强度的增加受到限制。相比之下，对于含水率较高甚至完全饱和的混凝土，一旦这些孔隙中的水变成冰，中、大毛细孔就会被完全填充和压实，在试验过程中受压面积增大，导致混凝土抗压强度增加，因此低温下抗压强度增加的幅度往往比含水率较低的混凝土更显著。这解释了当混凝土处于低温时含水率较大的混凝土抗压强度增长率较高的原因。

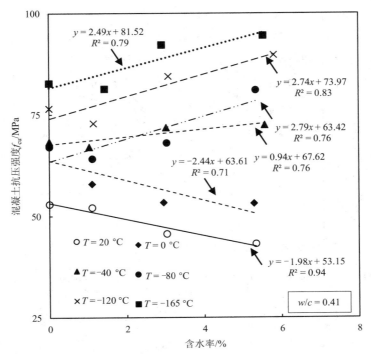

图 4.3　不同温度下含水率对混凝土抗压强度的影响

4.3.3　水灰比的影响

图 4.4 显示了低温下水灰比对混凝土抗压强度的影响。该图表明，在 −80 ℃时，随着水灰比从 0.33 增加到 0.57，含水率在 0%～3% 的混凝土抗压强度随着水灰比的增加而降低，含水量为 0%、1% 和 3% 的混凝土抗压强度分别降低了 74%、51% 和 40%。这是因为具有较高水灰比的混凝土具有更多未被水化产物填充的孔隙体积，也是混凝土抗压强度在低温下随着水灰比的增加而降低的主要原因。图 4.4 还表明，在 −80 ℃时，随着水含率的增加，混凝土抗压强度随着水灰比的降低呈下降趋势。随着含水率分别从 0% 增加到 1% 和 3%，抗压强度的下降速率从 207.4 MPa/℃ 分别下降到 164.8 MPa/℃ 和 87.0 MPa/℃。这是因为尽管水灰比的增加导致水合物减少，但仍然会在水合物之间产生更多的孔隙。随着水含率的增加，更多的水将填充这些孔隙。一旦混凝土处于低温下，这些水的冻结会填充孔隙，并增加混凝土的抗压强度。对于完全饱和混凝土，这种改进变得更加明显。如图 4.4 所示，即使水灰比从 0.33 增加到 0.57，混凝土抗压强度在 −80 ℃时仍增长了 20%，这主要归因于混凝土孔隙中的水结冰。

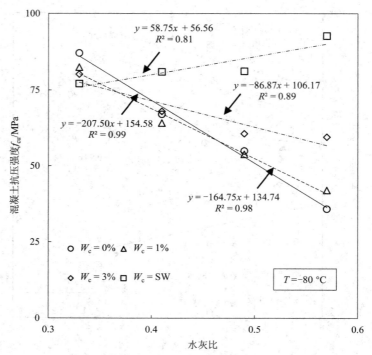

图 4.4　低温下水灰比对混凝土抗压强度的影响

从水灰比为 0.33、0.41、0.49 和 0.57 的完全饱和混凝土中取样。图 4.5 比较了 –80 ℃试验后，不同水灰比混凝土的扫描电镜显微结构。这些图表明：①完全饱和混凝土的微观结构和密实度随水灰比的变化而变化；②对于水灰比为 0.33 的混凝土，断裂面比较光滑；③对于水灰比为 0.41 的混凝土，扫描电镜下的表面比较疏松，观察到一些水合物层和微裂纹，观察到更多的水合物层，孔隙直径小于 5 μm，明显大于水灰比为 0.33 的混凝土；④对于水灰比为 0.49 的混凝土，清楚地观察到中等尺寸的微裂纹和孔隙直径变大（从 10 μm 到 30 μm 不等）；⑤当水灰比为 0.57 时，发现大尺寸微裂纹的孔隙直径大小为 40 μm 到 70 μm 不等；⑥随着水灰比的增加，微观结构变得松散，内部孔隙数量增加，这些孔隙直径变大[3]；⑦温度低于 –20 ℃时，最大的孔隙会被冰填充，由于毛细作用产生的张力，更多的水会被吸收到孔隙中；⑧对于较大水灰比的混凝土，若混凝土中含有较大直径的孔隙（图 4.5（c）），即使水灰比不再增加，混凝土抗压强度也会增大。

4.4　分析与讨论

试验结果表明，水灰比、含水率和低温对混凝土的抗压强度 f_{cu} 有显著影响，因此在本节中，利用抗压强度增长率公式 $I_{f_{cu}} = \dfrac{f_{cu}^{T}}{f_{cu}^{a}}$ 预测 f_{cu} 因低温而增加的强度，可以获得所有试件的抗压强度增长率 $I_{f_{cu}}$。

由于低温、水灰比和含水率是影响 $I_{f_{cu}}$ 的 3 个关键参数，本节采用在低温下钢和混凝土强度研究中相同的方法[4]，试图建立温度、水灰比和含水率与 $I_{f_{cu}}$ 之间的数学表达式。指数模型假设如下：

（a） （b）

（c） （d）

图 4.5　不同水灰比混凝土抗压试验后的扫描电镜下的微观结构

（a）DR2 W4（$T=-80$ ℃，$w/c=0.33$，$W_c=4.5\%$） （b）DR1 W4（$T=-80$ ℃，$w/c=0.41$，$W_c=5.34\%$）
（c）DR3 W4（$T=-80$ ℃，$w/c=0.49$，$W_c=5.95\%$） （d）DR4 W4（$T=-80$ ℃，$w/c=0.57$，$W_c=6.22\%$）

$$I_{f_{cu}} = AT^B \beta^C e^{DW_c} \tag{4.2}$$

其中，A、B、C、D 为从回归分析中获得的常数；T 为温度（K）；β 为水灰比，即 w/c；W_c 为含水率（%）。

为了进行线性回归分析，对式（4.2）进行对数变换。有几种方法可用于回归分析，如最佳子集法、前向或后向消除法和逐步回归法，本节采用最佳子集法进行回归分析。相关系数 R^2、标准误差 S 和 Mallow's C_p 是评价回归分析预测能力的 3 个指标。其中，R^2 的范围从 0 到 1，表示该模型的预测值与试验值的相关性。p 个最优预测因子从具有较低的 Mallow's C_p 值的 n 个预测因子中选择（即 $p<n$）[5-8]。

利用上述标准进行回归分析，表 4.3 列出了 T、β、W_c 这 3 个预测因子的所有组合。结果表明，这 3 个预测因子有 5 种可能的组合，即模型 A~E。模型 E 提供了最高的相关系数 R^2 为 70.2%，模型 C 提供了第二高的相关系数 R^2 为 63.2%。剩下 3 个模型的相关系数 R^2 都低于 50%。Mallows 建议模型中 Mallow's C_p 值较低时为最佳子集法的首选。表 4.3 显示,在这 5 个模型中,具有 3 个预测因子的模型 E 的 Mallow's C_p 值最小(为 4.0),且有着最低的标准误差 0.15,这些数据表明模型 E 为满足上述标准的最佳模型。因此,提出模型 E 预测抗压强度的增长率如下:

$$I_{f_{cu}} = \frac{f_{cu}^T}{f_{cu}^a} = 9.58T^{-0.53}\beta^{-0.82}e^{W_c/30} \tag{4.3}$$

其中,f_{cu}^a 为在 20 ℃时,含水率为 0%、水灰比为 0.41 的混凝土试件的抗压强度(MPa),本节中取 52.9 MPa;f_{cu}^T 为在温度 T 下混凝土试件的抗压强度(MPa);T 为温度(K),108 K ≤ T ≤ 293 K。

表 4.3　抗压强度增长率 $I_{f_{cu}}$ 相对于温度 T、水灰比 β 的对数形式及含水量 W_c 的最佳子集回归分析

模型	n	R^2/%	Mallow's C_p	S	$\ln T$	$\ln \beta$	W_c
A	1	41.6	33.6	0.20	x[a]	—	—
B	1	23.4	55.0	0.23	—	x	—
C	2	63.2	10.3	0.16	x	x	—
D	2	48.1	28.0	0.20	x	—	x
E	3	70.2	4.0	0.15	x	x	x

注:在最佳子集回归分析中,上标 a 表示考虑的预测因子;n 为预测因子的数量。

　　图 4.6 对比了预测的抗压强度增长率与试验抗压增长率。该图表明,对于这 39 个平均测试数据,平均测试预测比是 1.00,变异系数 Cov 为 0.15。大多数测试预测比都在 ±15% 误差内。预测误差可能是由混凝土抗压强度的分散引起的。

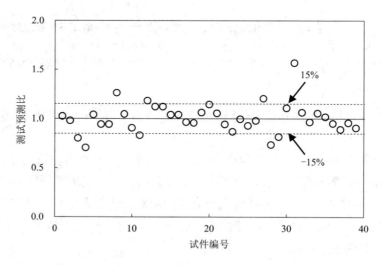

图 4.6　抗压强度增长率 $I_{f_{cu}}$ 测试预测比

　　为了更全面地验证所提出的设计公式(即式(4.3)),使用了文献 [9] 中的 23 组试验结果(每组 3 个重复)来验证所开发的分析模型。表 4.4 显示了这 23 组 NWC 立方体 / 棱柱

体的具体参数,图 4.7 比较了文献 [9] 试验值和由式(4.3)计算得出的相应 23 组试件的测试数据。通过对比分析可以得出,所开发的设计公式(即式(4.3))对混凝土抗压强度增加的精度提供了合理的估计。表 4.4 展示了利用式(4.3)对文献 [9] 研究中的 23 组试验数据进行计算得到的结果,与文献 [9] 试验得到的结果对比,发现 23 个测试预测比的平均值和 Cov 分别为 1.01 和 10%。23 组试件(共 69 个试件)的平均预测误差仅为 1%。此外,如图 4.7 所示,对于本试验的 174 个测试数据和引用的 23 个测试数据,这 197 个测试预测比的平均值和变异系数 Cov 分别为 1.01 和 13%。

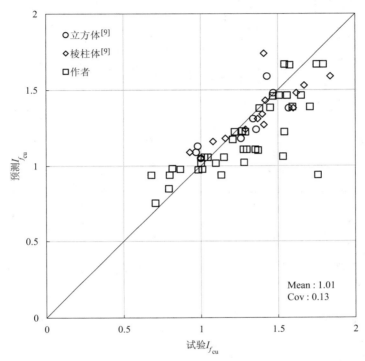

图 4.7 文献 [9] 的试验数据与利用式(4.3)计算的预测值的抗压强度增长率 $I_{f_{cu}}$ 对比分析

上述结果证实了预测公式,即式(4.3)的准确性,它可用于预测低温下混凝土抗压强度的增长系数。然而,这个公式是在有限的测试数据上提出的,仍然需要更广泛的验证。

表 4.4 抗压强度增长率 $I_{f_{cu}}$ 与文献 [9] 试验结果对比分析

名称	W_c/%	w/c	T/℃	样件类型	f_{cu}/MPa	$I_{f_{cu}}^{T}$	$I_{f_{cu}}^{P}$	$I_{f_{cu}}^{T}/I_{f_{cu}}^{P}$
L1	4.81	0.46	20	立方体	62.0	1.00	1.05	0.95
L2	4.81	0.46	0	立方体	60.5	0.97	1.09	0.90
L3	4.81	0.46	−20	立方体	61.1	0.98	1.13	0.87
L4	4.81	0.46	−40	立方体	77.9	1.26	1.18	1.06
L5	4.81	0.46	−60	立方体	84.3	1.36	1.24	1.10
L6	4.81	0.46	−80	立方体	83.3	1.34	1.31	1.03
L7	4.81	0.46	−100	立方体	97.7	1.57	1.38	1.14

续表

名称	W_c/%	w/c	T/℃	样件类型	f_{cu}/MPa	$I_{f_{cu}}^{T}$	$I_{f_{cu}}^{P}$	$I_{f_{cu}}^{T}/I_{f_{cu}}^{P}$
L8	4.81	0.46	−120	立方体	91.4	1.47	1.48	1.00
L9	4.81	0.46	−140	立方体	88.6	1.43	1.59	0.90
L10	4.81	0.46	20	棱柱体	60.8	1.00	1.05	0.95
L11	4.81	0.46	0	棱柱体	57.4	0.93	1.09	0.85
L12	4.81	0.46	−30	棱柱体	67.2	1.08	1.16	0.94
L13	4.81	0.46	−40	棱柱体	72.0	1.16	1.18	0.98
L14	4.81	0.46	−60	棱柱体	79.9	1.29	1.24	1.04
L15	4.81	0.46	−70	棱柱体	87.6	1.41	1.27	1.11
L16	4.81	0.46	−80	棱柱体	84.7	1.37	1.31	1.04
L17	4.81	0.46	−90	棱柱体	86.7	1.40	1.34	1.04
L18	4.81	0.46	−100	棱柱体	99.3	1.60	1.38	1.16
L19	4.81	0.46	−110	棱柱体	87.8	1.42	1.43	0.99
L20	4.81	0.46	−120	棱柱体	100.4	1.62	1.48	1.09
L21	4.81	0.46	−130	棱柱体	103.8	1.67	1.53	1.09
L22	4.81	0.46	−140	棱柱体	114.3	1.84	1.59	1.16
L23	4.81	0.46	−160	棱柱体	87.6	1.41	1.74	0.81
Mean	—	—	—	—	—	—	—	1.01
Cov								0.10

注:混凝土立方体试件和棱柱体试件的尺寸分别为 100 mm × 100 mm × 100 mm 和 100 mm × 100 mm × 300 mm;$I_{f_{cu}}^{T}$ 和 $I_{f_{cu}}^{P}$ 分别为低温引起的试验和预测抗压强度增长率。

4.5 结论

本章首次报道了 NWC 在 −165 ~ 20 ℃低温下抗压强度的试验研究。对 39 组试件中的 174 个试件进行了受压试验,该试验研究的主要参数是低温、水灰比和含水率。此外,扫描电镜技术也被用来观察混凝土微观结构层面的破坏情况。最后,利用最佳子集法进行回归分析,建立了描述抗压强度增加因子和影响因子(即温度、水灰比和含水率)之间关系的数学模型。基于这些试验研究和分析,可以得出以下结论。

(1)混凝土的抗压强度大致随着温度从 20 ℃降低到 −165 ℃而线性增加。抗压强度的最大增量为 97%,主要受温度、水灰比和含水率的影响:随着温度的降低,抗压强度的增加率随着含水率的增加而降低;水灰比为 0.41 的混凝土,随着含水率分别从 0% 增加到 1%、3% 和 5%,抗压强度增长率平均值由 0.12 MPa/℃依次增加至 0.14 MPa/℃、0.24 MPa/℃和 0.28 MPa/℃。

(2)微观结构的扫描电镜照片显示,因为孔隙水变成冰,所以低温导致了更多的孔隙结构;冰和水合凝胶之间的毛细作用导致水的进一步吸收,同时凝结更多的冰,并完全填充混凝土中的孔隙。因此,低温下混凝土抗压强度得到了提高。

（3）对于温度在 0 ℃ 以上的 NWC,含水率不会提高抗压强度;当温度降到 -40 ℃ 时,含水率对抗压强度的影响有限(如当含水率从 0% 增加到 5.57% 时,抗压强度平均增加 8%);当温度低于 -40 ℃ 时,低温对混凝土的抗压强度有显著提高。

（4）在温度为 -80 ℃ 时,对于含水率低于 3% 的混凝土,混凝土的抗压强度随着水灰比从 0.33 增加到 0.57 而降低;随着含水率从 0% 增加到 3%,混凝土的抗压强度随水灰比的增加而降低;对于完全饱和混凝土,增加水灰比会引起抗压强度的增加。经扫描电镜照片证实,低水灰比的混凝土具有更多且直径更大的孔隙(孔隙直径在 40～70 μm)。这意味着更多的水可以变成冰,从而促使混凝土抗压强度的提高。

（5）基于试验结果,进行回归分析。以温度、水灰比和含水率为基本参数,提出了一个公式来预测不同水灰比和不同含水率在不同温度下 NWC 抗压强度的增长系数。其准确性已由本节及他人的测试结果进行了验证。由于提出的预测公式是基于有限的测试数据的,故仍然需要更多的验证。

参考文献

[1] 中国建筑科学研究院有限公司. 混凝土物理力学性能试验方法标准: GB/T 50081—2019[S]. 北京:中国建筑工业出版社,2019.

[2] 中国建筑材料联合会. 蒸压加气混凝土性能试验方法: GB/T 11969—2020[S]. 北京:中国标准出版社,2020.

[3] ROSTÁSY F S, SCHNEIDER U, WIEDEMANN G. Behaviour of mortar and concrete at extremely low temperatures[J]. Cement and concrete research, 1979, 9(3):365-376.

[4] YAN J B, LIU X M, LIEW J Y R, et al. Steel-concrete-steel sandwich system in Arctic offshore structure: materials, experiments, and design[J]. Materials and design, 2016, 91: 111-121.

[5] MALLOWS C L. More comments on Cp. American statistical association[J]. Technometrics, 1995,37(4):362-372.

[6] COHEN J, COHEN P, WEST S G, et al. Applied multiple regression/correlation analysis for the behavioral sciences[M]. 3rd ed. Mahwah: Lawrence Erlbaum, 2003.

[7] THOMPSON M L. Selection of variables in multiple regression: part I. A review and evaluation[J]. International statistical review, 1978,46(1):1-19.

[8] MALLOWS C L. Some comments on Cp. American statistical association[J]. Technometrics, 1973,15(4):661-675.

[9] 刘超. 混凝土低温受力性能试验研究[D]. 北京:清华大学,2011.

第 5 章　低温环境下钢筋 - 混凝土粘结 - 滑移力学性能研究

钢筋与混凝土之间的粘结作用是保证这两种性质完全不同的材料能够共同工作的基础,它们之间的粘结 - 滑移关系是钢筋 - 混凝土有限元分析中最基本的关系之一,而粘结 - 滑移关系的准确性会直接对分析结果的可靠性产生影响。目前,国内对钢筋与混凝土在低温下的粘结性能的试验研究相对较少。国外的试验研究虽有一定基础,但由于受到种种条件的限制,其试验结果并不能直接应用于我国的钢筋 - 混凝土结构中。此外,国内外关于更不利的低温冻融循环条件下钢筋与混凝土粘结性能研究的报道较少。因此,钢筋与混凝土的低温粘结性能需要进行更为深入的研究。本章针对钢筋与混凝土在低温环境下和低温冻融循环条件下的粘结性能分别进行了试验研究,并提出了相应的计算公式。

5.1　低温环境下钢筋与混凝土的粘结性能

研究低温环境下钢筋与混凝土的粘结性能,通过在 20 ℃、0 ℃、-40 ℃、-80 ℃、-120 ℃ 和 -165 ℃ 条件下,对钢筋混凝土试件进行拉拔试验,主要考虑低温水平、钢筋直径、混凝土保护层厚度、钢筋锚固长度及钢筋屈服强度等参数对其极限粘结强度的影响。

5.1.1　试验研究

通过 36 组钢筋混凝土试件,每组 3 个,共计 108 个试件,进行低温环境下钢筋与混凝土粘结强度试验。选择 20 ℃、0 ℃、-40 ℃、-80 ℃、-120 ℃ 和 -165 ℃ 等 1 个常温温度点及 5 个低温温度点,考虑低温下钢筋直径、混凝土保护层厚度、钢筋锚固长度及钢筋屈服强度等参数对钢筋和混凝土之间的极限粘结强度的影响。

1. 试件设计

参照《混凝土结构试验方法标准》(GB/T 50152—2012)[1] 以及《水工混凝土试验规程》(SL/T 352—2020)[2] 中关于混凝土与钢筋握裹力试验部分,结合实际试验条件进行试件设计与制作。试件为边长 150 mm 的立方体,钢筋的非粘结长度段加套 PVC 硬质塑料套管,以控制钢筋与混凝土的粘结段长度。采用我国最常用的 HRB335 和 HRB400 螺纹钢筋,分别选定直径为 12 mm、16 mm、20 mm 和 25 mm 等不同情况。考虑到低温环境下混凝土结构多采用高强混凝土,拟选用 C50 混凝土制作试件。试件混凝土水灰比为 0.36,计算配合比为 $w:c:s:g = 0.36:1:1.239:2.301$(w、c、s、g 分别代表水、水泥、砂子、石子的质量,单位为 kg)。试件有 A、B、C、D 共 4 个大组,每个试件编号包含 3 个试件,取其平均值作为最后结果。A、B、C、D 这 4 组试件主要变化参数为温度、钢筋直径、混凝土保护层厚度、钢筋锚固长度和钢筋型号（不同型号的钢筋屈服强度不同）。试件设计参数见表 5.1。

表 5.1　试件参数及试验结果

试件编号	混凝土抗压强度 f_{cu}/MPa	钢筋型号	钢筋直径 d/mm	保护层厚度 C/mm	锚固长度 l_a/mm	温度 T/℃	极限粘结强度 τ_u^c/(N/mm^2)	破坏形态
A-1-1	50.44	HRB400	16	67	48	20	17.41	A、B
A-1-2	50.44	HRB400	16	67	48	0	21.00	A、B
A-1-3	50.44	HRB400	16	67	48	−40	24.59	A、B
A-1-4	50.44	HRB400	16	67	48	−80	32.47	B
A-1-5	50.44	HRB400	16	67	48	−120	—	A
A-1-6	50.44	HRB400	16	67	48	−165	—	A
B-1-1	48.74	HRB400	12	69	36	20	21.12	A
B-1-2	48.74	HRB400	12	69	36	−40	19.65	A
B-1-3	48.74	HRB400	12	69	36	−120	—	A
B-2-1	44.59	HRB400	20	65	60	20	13.62	B
B-2-2	44.59	HRB400	20	65	60	−40	24.23	B
B-2-3	44.59	HRB400	20	65	60	−120	21.84	B
B-2-4	44.59	HRB400	20	65	60	−165	31.39	B
B-3-1	50.96	HRB400	25	63	75	20	8.83	B
B-3-2	50.96	HRB400	25	63	75	−40	17.09	B
B-3-3	50.96	HRB400	25	63	75	−120	15.84	B
B-3-4	50.96	HRB400	25	63	75	−165	14.43	B
B-4-1	52.96	HRB400	20	20	60	20	7.07	B
B-4-2	52.96	HRB400	20	20	60	−40	14.94	B
B-4-3	52.96	HRB400	20	20	60	−120	18.74	B
C-1-1	44.59	HRB400	20	65	80	20	7.89	B
C-1-2	44.59	HRB400	20	65	80	−40	17.77	B
C-1-3	44.59	HRB400	20	65	80	−120	14.85	B
C-2-1	52.96	HRB400	20	65	100	20	7.16	B
C-2-2	52.96	HRB400	20	65	100	−40	10.03	B
C-2-3	52.96	HRB400	20	65	100	−120	15.70	B
C-3-1	52.96	HRB400	20	65	120	20	4.64	B
C-3-2	52.96	HRB400	20	65	120	−40	8.62	B
C-3-3	52.96	HRB400	20	65	120	−120	11.19	B
D-1-1	48.74	HRB335	16	67	48	20	17.96	B
D-1-2	48.74	HRB335	16	67	48	−40	21.28	A、B
D-1-3	48.74	HRB335	16	67	48	−120	30.81	A、B
D-2-1	50.96	HRB335	20	65	60	20	13.26	B
D-2-2	50.96	HRB335	20	65	60	−40	23.08	B

试件编号	混凝土抗压强度 f_{cu}/MPa	钢筋型号	钢筋直径 d/mm	保护层厚度 C/mm	锚固长度 l_a/mm	温度 T/℃	极限粘结强度 τ_u^c/(N/mm²)	破坏形态
D-2-3	50.96	HRB335	20	65	60	-120	25.02	B
D-3-1	50.44	HRB335	25	63	75	-40	13.86	B

注：A 表示试件破坏形态为钢筋拉断破坏；B 表示试件破坏形态为混凝土劈裂破坏；表中各组所列极限粘结强度值为 3 个试件实际极限粘结强度的平均值，当 3 个实测值中的最大值或最小值有一个与中间值的差值超过中间值的 15% 时，取中间值。

2. 试验加载装置

中心拉拔试验根据《混凝土结构试验方法标准》(GB/T 50152—2012)进行分级加载。拉拔力通过压力试验机表盘读出，同时在试件钢筋加载端安装两个百分表以量测在各级荷载作用下钢筋加载端的相对滑移值。考虑到结构实验室现有加载设备和试验条件，试验前期对加载设备进行了设计改造，制作了一套与压力试验机连接的试验加载架及钢支座，通过加载架可以实现变"拉"为"压"，能够很好地进行钢筋混凝土中心拉拔试验。图 5.1 为粘结锚固拔出试验的加载装置示意图，图 5.2 为拔出试验加载实景。

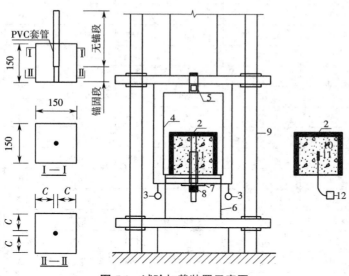

图 5.1　试验加载装置示意图　　　　**图 5.2　拔出试验装置实景**

1—试件；2—保温装置；3—百分表；4—仪表架；5—卡具；6—钢支座；
7—钢垫板；8—螺栓；9—压力试验机；10—温度试件；
11—温度传感器及导线；12—数字显示器

3. 试验过程

常温下钢筋与混凝土的粘结强度试验选择在 20 ℃左右的室温环境条件下进行。由于低温冰箱最低可降温至 -86 ℃，因此 0 ℃、-40 ℃、-80 ℃等低温条件下的粘结试验采用低温冰箱作为主要降温设备；超低温环境箱可降温至 -180 ℃，因此 -120 ℃和 -165 ℃的超低温条件下的粘结试验采用低温冰箱和超低温环境箱联合的方式降温。

通过在试件的中心位置放置温度传感器制作试验试件和温度试件，研究在不采用保温措施和采用聚苯乙烯泡沫塑料板材作为主要保温材料对试件进行保温的情况下,试件从超低温环境箱中取出后的回温过程中中心温度随时间的变化情况,从而对后面粘结锚固中心拉拔试验的温度控制提供必要的数据支持。

　　将自然条件下养护 28 d 的钢筋混凝土试件表面擦拭干净并检查外观是否有明显缺陷,检查合格后把试验试件及温度试件一并放入降温设备进行降温。对于不低于 -80 ℃的低温情况,对冰箱拟降至的目标温度进行设定并开始对试件降温,降温过程中注意对冰箱内温度试件进行温度监测与控制,直至试验试件降温至目标温度点。对于低于 -80 ℃的超低温情况,把冰箱温度设定为 -86 ℃,当试验试件降温至 -80 ℃时,将试件迅速转移至超低温环境箱,并采用液氮对试件进行降温,直至降温至目标温度点,降温过程中注意对温度试件进行温度监测与控制。为了保证试验的温度要求,可考虑适当降低降温过程中试件的目标控制温度。

　　将自制的加载架等试验设备提前安装完成,使其牢固的连接于压力试验机的压力平板上。连接时仔细校对加载架的安装位置,保证安装在压力平板中心,从而确保中心拉拔试验的钢筋轴心受拉。同时,安装、校正支承钢筋混凝土试件的钢支座位置,使其位于压力试验机下的压力平板中心。常温拉拔试验可将常温钢筋混凝土试件直接放入加载架,低温拉拔试验需要将温度降至目标温度点的钢筋混凝土试件拿出后立即放入由聚苯乙烯泡沫塑料材料制作的保温装置中,然后把保温装置及试件安装至试验机的加载架上。在试件的钢筋加载端安装两个百分表,以量测在各级荷载作用下钢筋加载端的滑移变形值,取两个百分表读数的平均值作为最终结果。同时,考虑到加载过程中试件钢筋会发生变形,因此需计算各级荷载作用下钢筋加载端的自由伸长量。以百分表读数的平均值减掉该钢筋自身的变形量作为最终的钢筋 - 混凝土相对滑移值,并以此画出粘结拔出试验的荷载 - 滑移曲线。

　　启动压力试验机,油压作用使下压板上升,当钢支座与钢筋混凝土试件接近时,调整钢支座位置,使试件的承压面与钢支座反力面均匀接触。中心拉拔试验在压力试验机上进行分级加载,人工控制加载速度。参照《混凝土结构试验方法标准》(GB/T 50152—2012)中的规定,加载速度与试件中钢筋直径大小的关系如下:

$$v_F = 0.03d^2 \tag{5.1}$$

其中,v_F 为加载速度(kN/min);d 为钢筋直径(mm)。

　　迅速安装好试件及试验装置后,进行预加载—卸载—正式加载直至粘结破坏,总用时需要 10 ~ 15 min。进行分级加载时,每一级荷载的钢筋拉拔力通过压力试验机表盘读出,各级荷载作用下的钢筋加载端滑移变形值通过在钢筋加载端安装的两个百分表测得。考虑到仪表架的刚性很大,相对于钢筋的滑移变形,仪表架的变形可以忽略不计。因此,百分表可架设在仪表架的两端。当试件接近破坏产生较大变形或百分表迅速变化时,停止调整压力试验机油门,直至试件发生粘结锚固破坏,记录破坏荷载。常温试验过程如图 5.3 所示,低温下试验装置如图 5.4 所示。

（a）　　　　　　　　　（b）　　　　　　　　　（c）　　　　　　　　　（d）

图 5.3　常温下试件中心拉拔试验过程

（a）试件安装后　（b）试验装置　（c）试验进行中　（d）试件破坏

图 5.4　低温下试件中心拉拔试验装置

4. 试验现象

在试验加载之初,常温和低温下粘结力主要为化学胶结力和摩擦力,所以荷载较小时加载端滑移较小;随着荷载的增加,化学胶结力逐渐被破坏,此时加载端产生较明显的滑移;荷载继续增大时,滑移逐渐加快;最后由于钢筋表面凸肋与混凝土的咬合力产生较大的横向拉应力而使试件发生劈裂或者钢筋被拔出,甚至钢筋被拉断。

对于钢筋混凝土中心拉拔试验,试件的破坏形态有两种。一种是钢筋在混凝土中被拔出的剪切破坏,即钢筋在混凝土内部产生了较大的滑移变形,而混凝土保护层仍完好,也称为拔出破坏。另一种是混凝土被劈裂的破坏,钢筋在混凝土内部产生滑移量较小,混凝土保护层发生劈裂,称为劈裂破坏。常温和低温下试件典型的破坏形态分别如图 5.5 和图 5.6 所示。

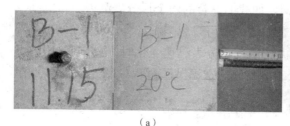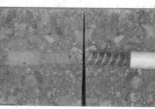

（a）　　　　　　　　　　　　　　　　　　　　（b）

图 5.5　常温下中心拉拔试验试件破坏形态

（a）拔出破坏　（b）劈裂破坏

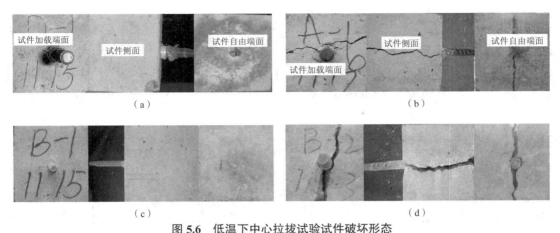

图 5.6　低温下中心拉拔试验试件破坏形态

（a）-40 ℃时拔出破坏　（b）0 ℃时劈裂破坏　（c）-120 ℃时拔出破坏　（d）-165 ℃时劈裂破坏

　　试件的破坏形态与温度、钢筋直径、混凝土保护层厚度等有关。试验发现，当钢筋承载力足够且直径 $d < 16$ mm 时，中心拉拔试验呈现拔出破坏的特征，当 $d > 16$ mm 时则表现为劈裂破坏的特征，当直径 $d = 16$ mm 时试验的 3 个试件既有拔出破坏也有劈裂破坏的情况出现。把试件在低温条件下与常温时相比，表面并无明显不同，但试验完成后置于环境空气中，几分钟后试件表面颜色就会出现不同。低温试件的颜色略发浅、发亮，这主要是由于表面温度低而使环境中水汽凝结成少量霜覆于试件表面所致。温度越低，置于环境中的时间越长，则水汽凝结成的霜就越多。

　　试验加载完成后，对不同温度条件下劈裂后钢筋与混凝土的粘结 - 滑移接触面进行试验现象的观察和比较，如图 5.7 所示。不同温度条件下试件发生劈裂破坏时，粘结部位接触面钢筋螺纹与混凝土的凹槽均清晰明显：20 ℃条件下，混凝土劈裂破坏面在与钢筋螺旋肋接触的凹槽边缘的位置有明显刮痕，但刮痕的面积相对较小，只在凹槽边缘小范围出现，即钢筋出现相对滑移时造成明显的混凝土局部挤压破坏；随着温度的降低，钢筋螺纹与混凝土凹槽部位的刮痕面积呈增大的趋势，但痕迹逐渐变浅，并趋于不明显。同时，20 ℃时，劈裂破坏前试件表面及侧面出现少许微裂缝，但微裂缝不明显，破坏的瞬间发出低沉的"砰"的响声；低温条件下，试件劈裂破坏前无明显征兆，基本无微裂缝，破坏的瞬间发出较清脆的"砰"的响声，这主要是由于低温使混凝土对钢筋的握裹力增强，且混凝土硬度增大、脆性增强[3-4]。

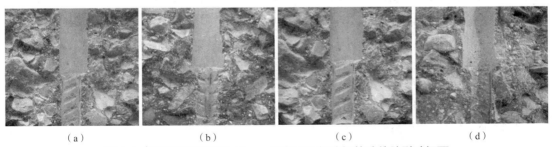

图 5.7　不同低温下直径 16 mm HRB400 螺纹钢筋试件劈裂破坏面

（a）20 ℃ A-1-1 试件试验完成时的劈裂破坏面　（b）0 ℃ A-1-2 试件试验完成时的劈裂破坏面
（c）-40 ℃ A-1-3 试件试验完成时的劈裂破坏面　（d）-80 ℃ A-1-4 试件试验完成时的劈裂破坏面

图 5.7　不同低温下直径 16 mm HRB400 螺纹钢筋试件劈裂破坏面(续)

(e)-120℃ A-1-5 试件试验完成时的劈裂破坏面　　(f)-120℃ A-1-5 试件试验完成几分钟后的劈裂破坏面
(g)-165℃ A-1-6 试件试验完成时的劈裂破坏面　　(h)-165℃ A-1-6 试件试验完成几分钟后的劈裂破坏面

5.1.2　试验结果及分析

根据下式计算平均粘结应力：

$$\tau = \frac{N}{\pi d l_a}$$（5.2）

其中，τ 为平均粘结应力(N/mm²)；N 为钢筋拉力(N)；d 为钢筋直径(mm)；l_a 为粘结锚固长度(mm)。

试验结果评定：根据式(5.2)计算平均粘结应力，取 3 个试件试验结果的平均值作为该组试件的极限粘结强度值，计算精确至 0.01 N/mm²；当 3 个试件试验结果的最大值或最小值中有一个与中间值的差异超过 15% 时，取中间值作为该组试件的极限粘结强度值。

试验所用的钢筋混凝土试件龄期均超过 28 d，试件制作时拟配制混凝土强度等级为 C50，实际抗压强度通过预留标准试块经试验测得，抗拉强度通过《混凝土结构设计规范（ 2015 年版)》(GB/T 50010—2010)[5] 中的公式计算得到，即

$$f_t = 0.88 \times 0.395 f_{cu}^{0.55}$$（5.3）

其中，f_t 为混凝土抗拉强度值(MPa)；f_{cu} 为混凝土立方体抗压强度值(MPa)，采用试验值。

根据文献 [6] 研究提出的理论计算公式计算得到不同参数条件下试件的极限粘结强度理论值，公式如下：

$$\tau_u^c = \left(0.82 + \frac{0.9}{l_a/d} \right)\left(1.6 + 0.7\frac{C}{d} \right)f_t$$（5.4）

其中，τ_u^c 为极限粘结强度理论值(N/mm²)；C 为混凝土保护层厚度(mm)。

1. 常温环境下试验结果与分析

不同钢筋混凝土试件的强度以及常温下(20 ℃)极限粘结强度试验值和理论值的比较见表 5.2。

表 5.2　常温环境下钢筋混凝土试件极限粘结强度试验值与理论值的对比

试件编号	混凝土等级	抗压强度/MPa	抗拉强度/MPa	极限粘结强度/MPa	
				理论值	试验值
A-1-1	C50	50.44	3.003	15.24	17.41
B-1-1	C50	48.74	2.947	18.57	21.12
B-2-1	C50	44.59	2.806	12.18	13.62
B-3-1	C50	50.96	3.020	11.38	8.83
B-4-1	C50	52.96	3.085	7.95	7.07
C-1-1	C50	44.59	2.806	11.36	7.89
C-2-1	C50	52.96	3.085	11.95	7.16
C-3-1	C50	52.96	3.085	11.60	4.64
D-1-1	C50	48.74	2.947	14.96	17.96
D-2-1	C50	50.96	3.020	13.11	13.26
D-3-1	C50	50.44	3.003	11.31	13.86

　　利用 A-1-1、B-1-1、B-2-1、B-3-1 组试件考虑钢筋直径对极限粘结强度的影响,将试验值与理论值进行对比,如图 5.8 所示。利用 A-1-1、B-1-1、B-2-1、B-3-1、B-4-1 组试件考虑混凝土相对保护层厚度对极限粘结强度的影响,将试验值与理论值进行对比,如图 5.9 所示。

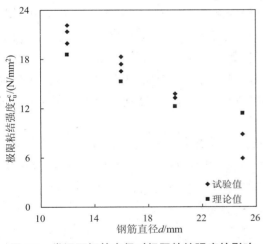

图 5.8　常温下钢筋直径对极限粘结强度的影响

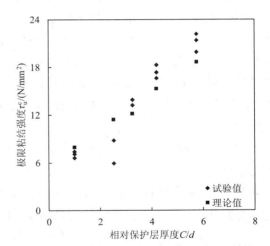

图 5.9　常温下混凝土相对保护层厚度对极限粘结强度的影响

　　利用 B-1-1、C-1-1、C-2-1、C-3-1 组试件考虑钢筋锚固长度对极限粘结强度的影响,将试验值与理论值进行对比,如图 5.10 所示。利用 A-1-1、B-1-1、D-1-1、D-2-1 组试件考虑钢筋屈服强度对极限粘结强度的影响,如图 5.11 所示。

　　本试验只考虑一种混凝土强度等级,因此未考虑混凝土强度对极限粘结强度的影响情况。通过以上数据及图表分析可知,常温下钢筋与混凝土的极限粘结强度受到钢筋直径、混凝土保护层厚度、钢筋锚固长度、钢筋屈服强度等参数的影响。经试验验证及对比分析可知,整体上常温下极限粘结强度试验值与式(5.4)的理论计算值相差不多,试验值基本满足公式要求。另外,个别试验参数(主要是钢筋锚固长度)的影响与公式计算值略有差异,个别数据出现锚固长度较长而极限破坏荷载较小的反常情况,这可能与该组试件在制作、振捣时混凝土不密实以及钢筋与混凝土接触面有缺陷等因素有关。

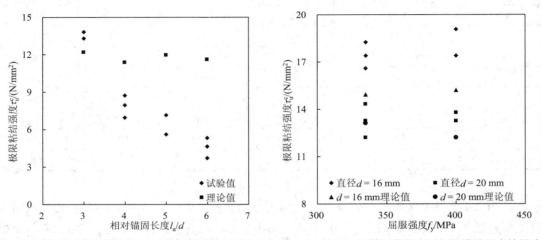

图 5.10　常温下钢筋锚固长度对极限粘结强度的影响　图 5.11　常温下钢筋屈服强度对极限粘结强度的影响

2. 低温环境下试验结果与分析

根据试验目的和要求,本次粘结锚固拔出试件分为 A、B、C、D 共 4 个大组,温度选择 20 ℃、0 ℃、−40 ℃、−80 ℃、−120 ℃和 −165 ℃共 6 个温度点。考虑温度、钢筋直径、混凝土保护层厚度、钢筋锚固长度以及钢筋型号等不同参数的影响,试件共计 108 个。其中,A 组试件的主要变化参数为温度;B 组试件的主要变化参数为钢筋直径、相对保护层厚度及钢筋型号;C 组试件的主要变化参数为钢筋锚固长度;D 组试件的主要变化参数为抗压强度。试件参数及试验结果见表 5.1。

以低温时极限粘结强度提高系数 γ_T 来分析超低温环境下钢筋与混凝土的粘结性能。考虑钢筋直径、相对保护层厚度、钢筋锚固长度、钢筋屈服强度等参数对超低温时粘结强度提高系数 γ_T 的影响效应,从而判定不同超低温条件下以上各种参数对钢筋与混凝土粘结性能的影响和作用。定义低温时极限粘结强度提高系数如下:

$$\gamma_T = \frac{\tau_T}{\tau_0} \tag{5.5}$$

其中,γ_T 为低温 T 条件下的极限粘结强度提高系数;τ_T 为 T 温度时试件的粘结强度(N/mm²);τ_0 为常温 20 ℃时试件的粘结强度(N/mm²)。

试验得到不同低温、钢筋直径、混凝土保护层厚度、钢筋锚固长度及钢筋屈服强度等参数对极限粘结强度的影响情况,如图 5.12 至图 5.15 所示。

(1)温度对粘结强度的影响。根据 A 组试件在 20 ℃、0 ℃、−40 ℃和 −80 ℃等不同温度条件下的拉拔试验结果,得到 4 个不同温度下的钢筋 - 混凝土粘结 - 滑移曲线,如图 5.12 所示。同时,根据 B-2、B-3 组试件分别在 20 ℃、-40 ℃、-120 ℃和 -165 ℃等不同温度条件下的拉拔试验结果,得到 4 个不同温度下的钢筋 - 混凝土粘结 - 滑移曲线,如图 5.13 和图 5.14 所示。由图可以得到以下结论。

①低温和超低温条件下,钢筋与混凝土的粘结性能仍然表现出较为明显的 3 阶段特征,即微滑移段、滑移段和劈裂段。随着温度降至超低温,滑移段和劈裂段并未明显变短,说明超低温条件下钢筋混凝土仍具有很好的延性性质。

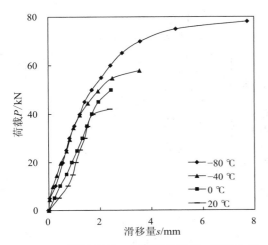

图 5.12　不同温度下 A 组试件的粘结 - 滑移曲线

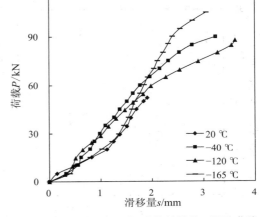

图 5.13　不同温度下 B-2 组试件的粘结 - 滑移曲线

②随着温度的降低,试件的粘结 - 滑移曲线在上升段斜率总体呈现增大的趋势,-120 ℃超低温时斜率最大,随着温度的继续下降,斜率减小。说明低温条件下钢筋 - 混凝土的粘结性能提高,当温度低于 -120 ℃时,粘结性能不再提高而是略有降低。

③随着温度的降低,极限破坏荷载不断增大,降温至 -120 ℃的超低温时,极限破坏荷载达到最大,随着继续降温至 -165 ℃,极限破坏荷载变化不大而是略有波动。

对 A-1 组试件,在其他影响参数不变的条件下,分析粘结强度受温度的影响情况,如图 5.15 所示。由图可以看出,随着温度的

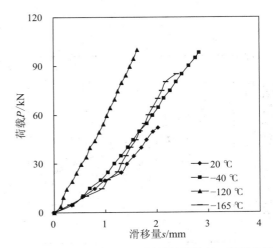

图 5.14　不同温度下 B-3 组试件的粘结 - 滑移曲线

降低,极限粘结强度值有不断增大的趋势,极限粘结强度与温度的关系基本呈线性。与 20 ℃常温条件下的试件相比,0 ℃时试件的极限粘结强度提高约 21%;-40 ℃与 0 ℃的情况相比,极限粘结强度提高约 17%;-80 ℃与 -40 ℃的试验结果相比,极限粘结强度提高约 32%。通过对比可以发现,-40 ℃和 -80 ℃的情况与常温时相比,极限粘结强度都有较大幅

度的提高,-40 ℃的极限粘结强度约为常温时极限粘结强度的 1.41 倍,而 -80 ℃的极限粘结强度约为常温时极限粘结强度的 1.87 倍。

分析 A 组、B-2 组和 B-3 组试件极限粘结强度受温度影响情况,分别作低温极限粘结强度提高系数 γ_T 随温度 T 变化情况的趋势,如图 5.16 至图 5.18 所示。由图可以看出, -80 ℃至常温(20 ℃)的温度区间内,随着温度的降低,极限粘结强度基本呈线性增大趋势,低温极限粘结强度提高系数在常温至 -80 ℃的区间内随温度的降低而线性增大,而在 -165 ℃至 -120 ℃的超低温区间内变化相对不明显。

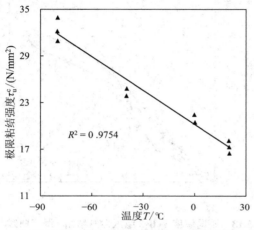

图 5.15　极限粘结强度随温度变化曲线　　图 5.16　A 组试件低温极限粘结强度提高系数随温度变化曲线

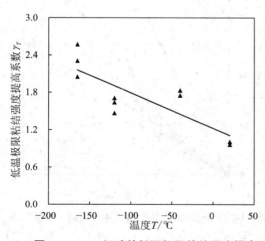
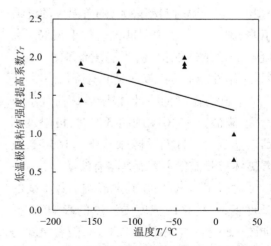

图 5.17　B-2 组试件低温极限粘结强度提高系数随温度变化曲线　　图 5.18　B-3 组试件低温极限粘结强度提高系数随温度变化曲线

本次试验 A 组试件中 A-1-5 和 A-1-6 在超低温试验中,钢筋被拉断而无法直接测得极限粘结强度值,即相对于 -80 ℃的情况,随着温度继续降低,极限粘结强度也进一步提高。

根据国外学者的研究[4, 6-7]，极限粘结强度随温度的降低而提高，在 -120 ℃时达到最大值，此后温度继续降低，极限粘结强度略有降低。

由于 A 组、B-2 组和 B-3 组试件中变化的参数只有温度，因此可忽略其他参数的影响，结合几组试件的试验结果，得出低温极限粘结强度提高系数与温度的关系如下：

$$\gamma_1(T) = \begin{cases} -0.008\ 2T + 1.165\ 1 & -120\ ℃ \leqslant T \leqslant 20\ ℃ \\ 2.15 & -165\ ℃ \leqslant T \leqslant -120\ ℃ \end{cases} \quad (5.6)$$

其中，$\gamma_1(T)$ 为温度影响函数；T 为温度（℃）。

根据式（5.6）得到 B-2 组、B-3 组试件低温极限粘结强度提高系数随温度变化趋势，如图 5.19 和图 5.20 所示。可以发现，相关试验数值点满足式（5.6）中的函数图线要求。

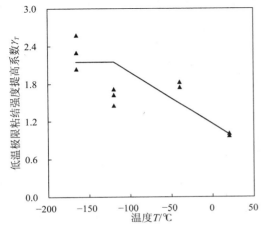

图 5.19　B-2 组试件低温极限粘结强度提高系数
随温度变化趋势线

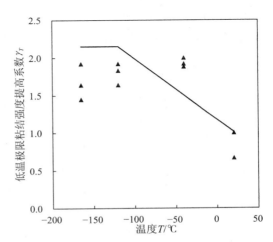

图 5.20　B-3 组试件低温极限粘结强度提高系数
随温度变化趋势线

（2）相对保护层厚度对粘结强度的影响。利用 B 组试件和 A 组试件来探讨相对保护层厚度 C/d 对粘结强度的影响，其中 $d = 12 \sim 25$ mm，$C/d = 1.00 \sim 5.75$，$l_a = 3d$。

该组试件的变化参数为温度和相对保护层厚度，因此低温极限粘结强度提高系数受到温度、相对保护层厚度这两个参数的共同影响。根据前述内容和公式，对温度进行无量纲化，从而消除温度这一参数对低温极限粘结强度提高系数的影响，进而研究相对保护层厚度对粘结强度的影响。

以低温极限粘结强度提高系数进行温度消元后的数值 $\gamma_2(C/d) = \gamma_T / \gamma_1(T)$ 为纵轴坐标，以相对保护层厚度 C/d 为横轴坐标，得到不同相对保护层厚度产生的影响，如图 5.21 所示。

对数据进行分析、拟合，得

$$\gamma_2(C/d) = -0.072\ 3C/d + 1.237\ 4 \quad (5.7)$$

其中，$\gamma_2(C/d)$ 为相对保护层厚度影响函数；d 为钢筋直径（mm）；C 为混凝土保护层厚度（mm）。

根据图 5.21 及拟合公式（5.7），$\gamma_2(C/d)$ 随着相对保护层厚度 C/d 的增大呈逐渐减小的趋势,且基本呈线性减小。这也说明,相对保护层厚度是影响低温极限粘结强度提高系数的一个重要因素。

（3）钢筋相对锚固长度对粘结强度的影响。利用 C 组试件和 B-2 组试件来探讨钢筋锚固长度对粘结强度的影响,其中 $C/d = 3.25$, $l_a/d = 3 \sim 6$。

该组试件保持保护层厚度、钢筋型号等参数不变,主要变化参数为温度和钢筋锚固长度,因此低温粘结强度提高系数受到温度、钢筋锚固长度这两个参数的共同影响。根据前述内容和公式,对温度进行无量纲化,从而消除温度这一参数对低温粘结强度提高系数的影响,进而研究钢筋锚固长度对粘结强度的影响。

以低温粘结强度提高系数进行温度消元后的数值 $\gamma_3(l_a/d) = \gamma_T/\gamma_1(T)$ 为纵轴坐标,以相对锚固长度 l_a/d 为横轴坐标,得到不同锚固长度产生的影响,如图 5.22 所示。由图可以发现, $\gamma_3(l_a/d)$ 与 l_a/d 并无明显相关,而是在 $\gamma_3 = 1.00$ 上下小幅波动、振荡,这说明锚固长度对低温粘结强度提高系数无明显影响。

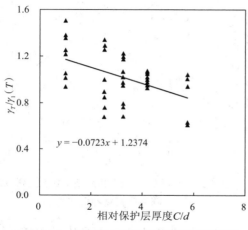

图 5.21　相对保护层厚度对低温粘结强度
提高系数的影响

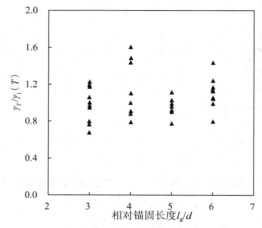

图 5.22　相对锚固长度对低温粘结强度
提高系数的影响

（4）钢筋型号对粘结强度的影响。利用 D 组试件和 A、B-2、B-3 组试件来探讨不同钢筋屈服强度对粘结强度的影响,其中 $C/d = 2.53 \sim 4.19$、$l_a/d = 3$, A、B-2、B-3 组试件采用 HRB400 钢筋,D 组试件为 HRB335 钢筋。

图 5.23 和图 5.24 反映了 $-40\,℃$ 低温下和 $-120\,℃$ 超低温条件下低温粘结强度提高系数 γ_T 与钢筋屈服强度 f_y 的关系。由图可以看出,低温粘结强度提高系数受到钢筋型号的微弱影响,它随着钢筋屈服强度的变化而有所变化,但变化程度很小,基本可以忽略。

（5）全部试验数据拟合分析。根据前述内容,温度和相对保护层厚度是影响低温粘结强度提高系数的两个重要参数,而相对锚固长度、钢筋型号、钢筋直径等则为次要因素。当仅考虑温度和相对保护层厚度两个主要参数的影响,而忽略次要因素的影响时,则根据前述分析,可得 $\gamma_T = \gamma_1(T)\gamma_2(C/d)$。对 A、B、C、D 组全部试件的试验数据进行分析,以验证该分析内容。

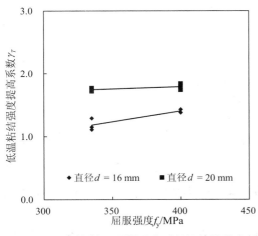

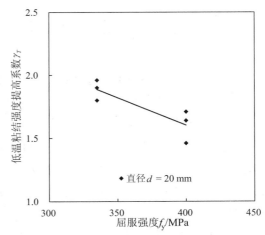

图 5.23　**-40 ℃条件下屈服强度对低温粘结强度　　图 5.24**　**-120 ℃条件下屈服强度对低温粘结强度提高**
　　　　　提高系数的影响　　　　　　　　　　　　　**系数的影响**

对全部试验数据进行分析, 以低温粘结强度提高系数进行保护层厚度消元后的数值 $\gamma_1(T) = \gamma_T / \gamma_2(C/d)$ 为纵轴坐标, 以温度 T 为横轴坐标, 得到不同温度对低温粘结强度提高系数产生的影响, 如图 5.25 所示。

对全部试验数据进行分析, 以低温粘结强度提高系数进行温度消元后的数值 $\gamma_2(C/d) \gamma = \gamma_T / \gamma_1(T)$ 为纵轴坐标, 以相对保护层厚度 C/d 为横轴坐标, 得到不同混凝土相对保护层厚度产生的影响, 如图 5.26 所示。

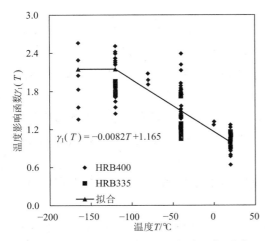

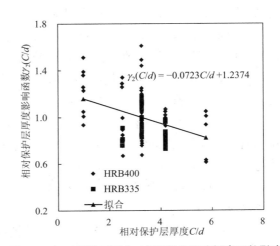

图 5.25　**温度对低温粘结强度提高系数影响**　　**图 5.26**　**相对保护层厚度对低温粘结强度提高系数影响**

由图 5.25 和图 5.26 可知, 前述分析内容均是正确的。温度和混凝土相对保护层厚度成为影响低温粘结强度提高系数的主要参数, 钢筋直径、相对锚固长度以及钢筋型号等为次要因素, 可以忽略不计。因此, 低温和超低温环境下钢筋与混凝土粘结强度的试验拟合公式如下:

$$\begin{cases} \tau_T = \gamma_T \tau_0 \\ \tau_u^c = \left(0.82 + \dfrac{0.9}{l_a/d} \right)\left(1.6 + 0.7\dfrac{C}{d} \right) f_t \\ \tau_T = \gamma_1(T)\gamma_2(C/d) \\ \gamma_1(T) = \begin{cases} -0.008\,2T + 1.165\,1 & -120\,℃ \leqslant T \leqslant 20\,℃ \\ 2.15 & -165\,℃ \leqslant T \leqslant -120\,℃ \end{cases} \\ \gamma_2(C/d) = -0.072\,3C/d + 1.237\,4 \quad 1 \leqslant C/d \leqslant 5.75 \end{cases} \qquad (5.8)$$

其中，τ_T 为 T 温度时试件的极限粘结强度（N/mm²）；γ_T 为低温 T 下的粘结强度提高系数；τ_u^c 为 20 ℃时试件的极限粘结强度理论值（N/mm²）；l_a 为锚固长度（mm）；d 为钢筋直径（mm）；C 为混凝土保护层厚度（mm）；$\gamma_1(T)$ 为温度影响函数；$\gamma_2(C/d)$ 为相对保护层厚度影响函数；T 为温度（℃）。

由以上分析可知，钢筋与混凝土极限粘结强度受到温度、混凝土保护层厚度、混凝土强度、钢筋直径、钢筋锚固长度及钢筋型号等参数的影响和制约。而低温及超低温时粘结强度提高系数则主要是温度和相对保护层厚度两个参数起决定性作用。低温粘结强度提高系数随温度的降低而线性增长，当温度降至 -120 ℃时，达到最大值；若温度继续降低，则粘结强度提高系数不再提高。同时，低温粘结强度提高系数随着相对保护层厚度的增大而减小，基本呈线性关系。

5.1.3　主要结论

本节主要研究了常温、低温及超低温环境下钢筋与混凝土粘结性能及其影响因素间的关系。通过试验及分析可以得到以下结论。

（1）常温下钢筋与混凝土的极限粘结强度受到钢筋直径、混凝土保护层厚度、钢筋锚固长度、钢筋屈服强度等参数的影响，试验数值基本满足规范理论公式的要求。

（2）钢筋混凝土中心拉拔粘结试验发现，低温和超低温条件下试件的破坏形态有两种：拔出破坏和劈裂破坏。

（3）低温条件下劈裂破坏时，粘结部位接触面钢筋螺纹与混凝土的凹槽都清晰明显。随着温度的降低，钢筋螺纹与混凝土凹槽部位的刮痕面积呈增大的趋势，但痕迹逐渐变浅，并趋于不明显。

（4）低温和超低温条件下，钢筋与混凝土的粘结性能表现出较为明显的三阶段特征，即微滑移段、滑移段和劈裂段。

（5）低温环境下，钢筋与混凝土极限粘结强度受到温度、相对保护层厚度、相对锚固长度、钢筋型号等参数的影响和制约；温度和相对保护层厚度是影响低温粘结强度提高系数的主要因素，锚固长度和钢筋屈服强度等参数是次要因素，可以忽略。

（6）随着温度的降低，极限粘结强度不断增大，降至 -120 ℃的超低温时，极限粘结强度值达到最大。随着继续降温至 -165 ℃，极限粘结强度变化不大、略有波动。

（7）-120 ℃至常温（20 ℃）的温度区间内，随着温度的降低，低温粘结强度提高系数基本呈线性增大的趋势，-165 ℃至 -120 ℃的区间内，低温粘结强度提高系数略有波动、变化不大。

（8）低温粘结强度提高系数受到相对保护层厚度的影响,低温粘结强度提高系数随着相对保护层厚度 C/d 的增大而减小,基本呈线性。

综上,钢筋与混凝土的粘结性能受温度条件的影响显著,随着温度的降低,粘结强度和粘结性能有增大的趋势。低温下粘结强度提高系数 γ_T 受到温度、钢筋直径、相对保护层厚度、相对锚固长度及钢筋型号等参数的影响,但与温度和保护层厚度等参数的相关性更强。

5.2　低温冻融循环环境下钢筋与混凝土的粘结性能

本节研究冻融循环后钢筋与混凝土的粘结性能。借助低温冰箱和超低温环境箱降温的方式,对 7 组 21 个试件分别进行不同循环次数、不同温度变化的超低温冻融循环。通过对冻融循环后的试件进行中心拔出试验,得到了钢筋与混凝土的荷载 - 滑移曲线。

5.2.1　试验研究

1. 试件设计

根据《混凝土结构试验方法标准》（ GB/T 50152—2012 ）、《水工混凝土试验规程》（ SL/T 352—2020 ）及实验室实际情况,采用中心拔出试验研究钢筋与混凝土的粘结性能。本试验共分为 7 组,每组 3 个试件,试件尺寸为 150 mm × 150 mm × 150 mm,另预留试件并在其中心埋置铂金温度传感器以作为温度试件,通过外置的读数装置 LU-906M 智能调节仪显示试件内部温度。试件的几何尺寸如图 5.27 所示。此外,预留规定数量的标准立方体试件用以测试混凝土强度。

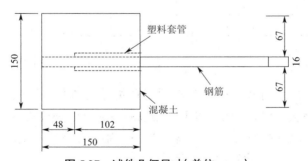

图 5.27　试件几何尺寸(单位:mm)

各组试件混凝土的强度设计等级为 C50,混凝土的配合比和实测强度见表 5.3。采用直径为 16 mm、屈服强度为 452 MPa、极限强度为 644 MPa、断后伸长率为 22% 的 HRB400 变形钢筋。钢筋混凝土试件设计见表 5.4。

表 5.3　混凝土的配合比和实测强度

材料用量/(kg/m³)				实测立方体抗压强度 /MPa
水泥	砂	粗骨料	水	
500.0	619.5	1 150.5	180.0	53.5

表 5.4　钢筋混凝土试件设计

试件编号	钢筋型号	钢筋直径 d /mm	保护层厚度 C /mm	锚固长度 l_a /mm	循环次数	冻融温度 T /℃
A-1	HRB400	16	67	48	0	—
A-2	HRB400	16	67	48	0	—
A-3	HRB400	16	67	48	0	—
B-1	HRB400	16	67	48	3	−40 ~ 20
B-2	HRB400	16	67	48	3	−40 ~ 20
B-3	HRB400	16	67	48	3	−40 ~ 20
C-1	HRB400	16	67	48	3	−75 ~ 20
C-2	HRB400	16	67	48	3	−75 ~ 20
C-3	HRB400	16	67	48	3	−75 ~ 20
D-1	HRB400	16	67	48	5	−75 ~ 20
D-2	HRB400	16	67	48	5	−75 ~ 20
D-3	HRB400	16	67	48	5	−75 ~ 20
E-1	HRB400	16	67	48	3	−120 ~ 20
E-2	HRB400	16	67	48	3	−120 ~ 20
E-3	HRB400	16	67	48	3	−120 ~ 20
F-1	HRB400	16	67	48	5	−120 ~ 20
F-2	HRB400	16	67	48	5	−120 ~ 20
F-3	HRB400	16	67	48	5	−120 ~ 20
G-1	HRB400	16	67	48	3	−160 ~ 20
G-2	HRB400	16	67	48	3	−160 ~ 20
G-3	HRB400	16	67	48	3	−160 ~ 20

2. 试验过程

试件养护完毕后,采用低温冰箱和超低温环境箱对试件进行降温[8]。试件由室温降到 −80 ℃采用低温冰箱降温,−80 ℃以下采用液氮在超低温环境箱内降温。温度试件与试验试件共同降温,并在箱内空间另放入测温装置——铂金传感器,通过外置的读数设备(LU-906M 智能调节仪)显示低温冰箱内部温度。

降温阶段,采用不泡水试件进行,且保证每组试件的降温速率相同。实际降温情况见表5.5,A 组为对比组,因此没有进行冻融循环。

表 5.5　冻融循环降温实际情况

循环次数	最高循环温度/℃	每次循环实际降温温度/℃						
		A 组	B 组	C 组	D 组	E 组	F 组	G 组
第 1 次	18.0	—	−40.0	−75.0	−75.0	−120.0	−120.0	−170.0
第 2 次	18.0	—	−37.7	−75.2	−75.2	−118.0	−118.0	−165.0

续表

循环次数	最高循环温度/℃	每次循环实际降温温度/℃						
		A 组	B 组	C 组	D 组	E 组	F 组	G 组
第 3 次	18.0	—	−46.6	−75.9	−75.9	−123.0	−127.0	−93.0
第 4 次	18.0	—	—	—	−74.0	—	−122.0	
第 5 次	18.0	—	—	—	−75.4	—	−126.0	
平均温度	—	—	−41.4	−75.4	−75.1	−120.3	−122.6	—

注:G 组第 3 次循环时,由于客观原因,试件温度只降至 −93.0 ℃。

　　回温阶段,采取在室内空气中自然回温的方式,如图 5.28 所示。回温曲线如图 5.29 所示,可知 4 h 内 −170 ℃ 的试件可回温到 0 ℃。为了统一,以试件至少回温 24 h 为标准。

　　拔出试验在天津大学结构实验室完成,自行设计制作了一套钢制加载装置,如图 5.30 所示。其原理(图 5.31)是固定的试验机上压板通过钢骨架将试件的钢筋部分用螺母固定,而向上移动的试验机下压板通过反力钢架对试件的混凝土部分施加向上的力,由此试件的钢筋部分与混凝土部分受到相反的力而产生相对运动,最终将钢筋部分从混凝土中拔出。

图 5.28　试件回温

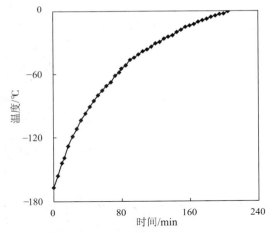

图 5.29　18 ℃ 环境中试件回温曲线

　　在钢骨架下部的两侧各设置一个百分表来测定钢筋加载端与混凝土的滑移量。经计算,钢制加载装置的刚度够大,在较低荷载下产生的变形对所测得滑移值的影响可以忽略不计。试验前进行预加载,加载全程采用荷载控制,每级荷载为 5 kN。

　　3. 试验现象

　　经过若干次冻融循环后,试件表面出现不同程度的温度裂缝。随着循环设定温度的降低,温度裂缝有所增加,但不同试件具体情况有所不同。图 5.32 所示为试验过程中试件的结霜现象,图 5.33 所示为试件表面出现的温度裂缝。本次试验中,绝大多数试件发生劈裂破坏,只有 B 组和 G 组各有一块发生拔出破坏,试件破坏形态如图 5.34 所示。

（a）

（b）

图 5.30　加载装置
（a）加载装置全景　（b）测量用百分表

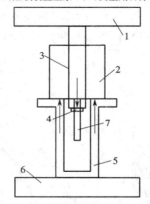

图 5.31　加载装置侧视原理示意图
1—上压板（固定）；2—试件；3—钢骨架（固定）；4—螺母（固定）；
5—反力钢架（向上）；6—下压板（向上）；7—钢筋

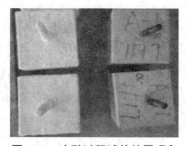

图 5.32　冻融过程试件结霜现象

图 5.33　E 组试件冻融后的温度裂缝

（a）

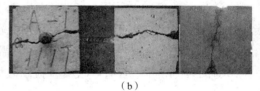
（b）

图 5.34　试件破坏形态
（a）拔出破坏　（b）劈裂破坏

5.2.2　试验结果及分析

1. 荷载 - 滑移曲线

各组试件的荷载 P 与平均滑移量 S（加载端两表的平均值）的曲线如图 5.35 所示。从图中可以看出，在循环次数较低的情况下，即便循环的最低温度达到 -165 ℃左右的超低温，其荷载 - 滑移曲线趋势也会出现较大变化。

2. 粘结强度

各组冻融循环后钢筋与混凝土的粘结性能试验结果见表 5.6。由表可知，F 组试件在 -120 ℃至 20 ℃循环 5 次时，钢筋与混凝土的粘结强度下降了 19%。此外，冻融后钢筋与混凝土的粘结强度离散性较大，这主要是由于冻融过程试件自身缺陷效应增大以及钢筋与混凝土粘结性能对影响因素较敏感所致。

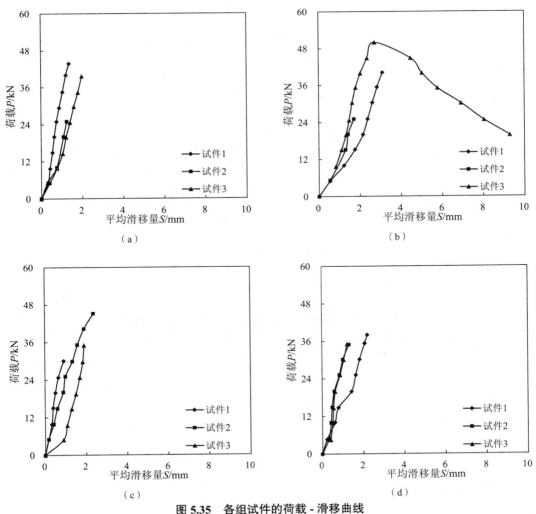

图 5.35　各组试件的荷载 - 滑移曲线

（a）A 组（无冻融）（b）B 组　（c）C 组　（d）D 组

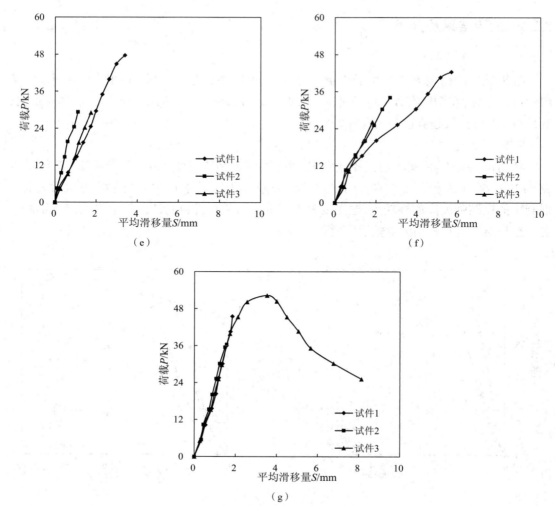

图 5.35　各组试件的荷载 - 滑移曲线（续）

（e）E 组　（f）F 组　（g）G 组

表 5.6　冻融循环后钢筋与混凝土粘结性能试验结果

组号	荷载/kN	粘结强度/MPa	平均粘结强度/MPa	相对 A 组粘结强度降低系数	加载端峰值滑移平均值/mm	平均峰值滑移/mm
A	44	18.24	17.41	1.00	1.41	1.97
A	42	17.41	17.41	1.00	2.48	1.97
A	40	16.58	17.41	1.00	2.02	1.97
B	40	16.58	16.30	0.94	3.07	2.51
B	28	11.61	16.30	0.94	1.76	2.51
B	50	20.72	16.30	0.94	2.70	2.51

续表

组号	荷载 /kN	粘结强度 /MPa	平均粘结强度 /MPa	相对 A 组粘结强度 降低系数	加载端峰值滑移 平均值/mm	平均峰值滑移/mm
C	30	12.43	15.20	0.87	0.89	1.71
	45	18.65			2.34	
	35	14.51			1.91	
D	38	15.75	14.92	0.86	2.21	1.61
	35	14.51			1.33	
	35	14.51			1.29	
E	48	19.89	14.92	0.86	3.36	2.06
	30	12.43			1.09	
	30	12.43			1.72	
F	42	17.41	14.09	0.81	5.64(舍)	2.20
	34	14.09			2.60	
	26	10.78			1.80	
G	45	18.65	18.37	1.06	1.86	2.30
	36	14.92			1.55	
	52	21.55			3.49	

由 A、B、C、E 这 4 组数据可知:在相同的 3 次冻融循环后,试件冻融温度为 $-40 \sim$ 20 ℃、$-75 \sim 20$ ℃及 $-120 \sim 20$ ℃时,钢筋与混凝土的平均粘结强度分别下降了 6%、13% 和 14%;由 A、D、F 这 3 组数据可知,在相同的 5 次冻融循环后,试件冻融温度为 $-75 \sim 20$ ℃ 和 $-120 \sim 20$ ℃时,钢筋与混凝土的平均粘结强度分别下降了 14% 和 19%。由此可见,当试 件冻融温度为 $-75 \sim 20$ ℃时,钢筋与混凝土的平均粘结强度降低程度在 3 次和 5 次循环下仅 比 $-120 \sim 20$ ℃时稍低,也就是说钢筋与混凝土的平均粘结强度的降低速率并不随着冻融温 度的降低呈线性,而是在 $-75 \sim 20$ ℃低温范围内降低较快,在 $-120 \sim -75$ ℃超低温范围内降 低较慢。这主要是由于混凝土和钢筋在温度降低时体积变化不一致。由文献 [9] 可知, 在 $-70 \sim -20$ ℃时混凝土先膨胀后收缩,钢筋则一直收缩,两者线膨胀系数的较大差别将使 钢筋与混凝土在粘结处出现较大的微滑移,粘结面产生大量微裂缝和缺陷,导致平均粘结强 度降低较快;而随着温度的降低,钢筋与混凝土的线膨胀系数虽有一定的差别,但两者的变 化趋势是一致的,在粘结面处新产生的损伤也是有限的,宏观上则表现为平均粘结强度降低 较慢。

由 A、C、D 这 3 组数据可知,试件循环温度为 $-75 \sim 20$ ℃、循环次数在 3 次和 5 次时, 钢筋与混凝土的平均粘结强度分别降低了 13% 和 14%;由 A、E、F 这 3 数据可知,试件循环 温度为 $-120 \sim 20$ ℃、循环次数在 3 次和 5 次时,钢筋与混凝土的平均粘结强度分别降低了 14% 和 19%。由此可见,前 3 次的冻融循环中每次循环对钢筋与混凝土平均粘结强度的降 低程度要明显大于后 2 次,也就是说,钢筋与混凝土平均粘结强度的降低程度在每次循环中 并不一致,而是随着循环次数的增加而降低。这主要是因为试件内部容易被冻融循环作用破坏的微观结构在最初几次的低温和超低温冻融循环下便已大量破坏。除此之外,试件循环温度为 20 ℃至 -120 ℃时,3 次循环对钢筋与混凝土平均粘结强度的降低作用与 20 ℃至 -75 ℃时相差不多,而 5 次冻融循环时,钢筋与混凝土的平均粘结强度降低程度在试件循环温度 20 ℃至 -120 ℃时要比在 20 ℃至 -75 ℃时稍大一些,由此可知,随着温度的降低,后续循环对钢筋与混凝土的平均粘结强度的降低作用会稍有增加。这主要是因为冻融过程中除钢筋与混凝土线膨胀系数不同外,混凝土强度的降低也会影响两者的平均粘结强度。在 -75 ℃至 -120 ℃时混凝土内部原本不受低温影响的吸附水会结冰产生冻胀破坏,使混凝土强度降低,进而导致钢筋与混凝土平均粘结强度降低,而这些更微小结构的破坏需要更多的冻融循环。

　　从表 5.6 中还可以看出,钢筋与混凝土的峰值滑移并不呈现一定的规律性,而 G 组试验数据在冻融后钢筋与混凝土的平均粘结强度反而增大,这主要与该组进行试验的日期与其他组相比较晚、混凝土强度有所增加,并且混凝土试验数据本就具有离散性较大的特性有关。

5.2.3　主要结论

　　本节主要研究了不同冻融循环次数、不同温度变化对钢筋与混凝土之间的粘结性能的影响程度。通过试验及分析可以得到以下结论。

　　(1)在低温和超低温下,当循环次数较少时,钢筋与混凝土的荷载-滑移曲线形状基本不变,但粘结强度能够降低 1/5 左右,已经达到了不能忽视的地步。

　　(2)在相同的 3 次或 5 次循环,试件循环温度为 20 ℃至 -75 ℃或 20 ℃至 -120 ℃时,钢筋与混凝土的平均粘结强度都具有一定程度的降低,且两者的下降程度相近,即随着循环温度的降低,钢筋与混凝土的平均粘结强度降低。但在 20 ℃至 -75 ℃时平均粘结强度降低较快,在 -75 ℃至 120 ℃时降低较慢。

　　(3)在试件循环温度为相同的 20 ℃至 -75 ℃或 20 ℃至 -120 ℃、5 次冻融循环时,钢筋与混凝土的平均粘结强度的降低在前 3 次冻融循环下的程度要大于后 2 次,即后续循环对钢筋与混凝土平均粘结强度的降低作用有所减弱。

参考文献

[1]　中国建筑科学研究院. 混凝土结构试验方法标准: GB/T 50152—2012[S]. 北京: 中国建筑工业出版社, 2012.

[2]　水利部水利水电规划设计总院. 水工混凝土试验规程: SL/T 352—2020[S]. 北京: 中国水利水电出版社, 2021.

[3]　KRSTULOVIC-OPARA N. Liquefied natural gas storage: material behavior of concrete at cryogenic temperatures[J]. ACI materials journal, 2007, 104(3): 297-306.

[4]　李会杰, 谢剑. 超低温环境下钢筋与混凝土的粘结性能[J]. 工程力学, 2011, 28(S1): 80-84.

[5]　中国建筑科学研究院. 混凝土结构设计规范(2015 年版): GB/T 50010—2010[S]. 北京:

中国建筑工业出版社，2015.

[6]　徐有邻. 变形钢筋 - 混凝土粘结锚固性能的试验研究[D]. 北京：清华大学，1990.

[7]　VANDEWALLE L. Bond between a reinforcement bar and concrete at normal and cryogenic temperatures[J]. Journal of materials science letters，1989，8：147-149.

[8]　DAHMANI L，KHENANE A，KACI S. Behavior of the reinforced concrete at cryogenic temperatures[J]. Cryogenics，2007，47（9-10）：517-525.

[9]　谢剑，王传星，李会杰. 超低温混凝土降温回温曲线的试验研究[J]. 低温建筑技术，2009，32（3）：1-3.

第6章　低温环境下普通及预应力混凝土梁受弯性能研究

　　本章主要研究有粘结以及无粘结预应力混凝土梁在常温和低温环境（20～-100 ℃）下的结构性能,分析低温水平及预应力水平对混凝土梁结构性能的影响,建立低温下预应力混凝土梁的有限元模型。经与试验对比验证,有限元分析结果与试验结果吻合,说明模型可以为低温环境下有粘结以及无粘结预应力混凝土梁的结构性能提供预测。本章利用所提出的有限元模型,对低温环境下预应力混凝土梁的结构性能进行参数研究,如温度、非预应力配筋率、预应力配筋率、有效预应力、混凝土强度、梁的净跨与截面有效高度的比以及预应力筋有无粘结等。根据试验数据以及有限元数值模拟结果,提出有粘结以及无粘结预应力混凝土梁的开裂荷载和极限荷载的理论计算方法,并根据混凝土冻融循环的试验数据,提出冻融循环后混凝土的本构方程以及混凝土的力学性能,以此作为材料参数,对低温冻融循环下预应力混凝土梁的结构性能进行分析研究,为工程实践提供一定的参考。

6.1　试件的设计与制作

　　本次试验共设计了混凝土梁试件 12 根,其中包括预应力混凝土梁 8 根和非预应力混凝土梁 4 根,选取的试验温度点为 20 ℃、-40 ℃、-70 ℃、-100 ℃,每个试验温度点有 2 根预应力混凝土梁和 1 根非预应力混凝土梁,其中 1 根非预应力混凝土梁作为温度梁,在降温过程中用于监测预应力混凝土梁内部的温度,并在温度梁上粘贴应变片作为试验过程中混凝土应变片及钢绞线应变片的温度补偿,所有试验梁尺寸均相同,试验研究参数为温度水平和是否存在张拉预应力,所有试验梁均为静载试验。所有试验梁在天津预制梁场进行浇筑,所采用的混凝土由梁场附近的混凝土搅拌站提供,混凝土标号为 C50。选用的钢绞线与前文进行拉伸试验的钢绞线均由同一根钢绞线中截取,强度级别为 1 860 MPa,非预应力钢筋直径为 6 mm,强度级别为 HRB335,箍筋选用 10 号铁丝。

　　本次设计的预应力混凝土梁主要用于低温试验,考虑到对预应力混凝土梁的降温设备及试验过程中的保温处理,本次试验选取的试验梁尺寸相对较小,试验梁的截面尺寸为 65 mm × 120 mm,长度为 1 600 mm,两端支座距梁端各 100 mm,计算跨度取为 1 400 mm,所用梁内均配有三股钢绞线一根,在梁的弯剪段配有构造钢筋及箍筋,防止混凝土试验梁发生受剪破坏,图 6.1 所示为混凝土试验梁具体尺寸及配筋布置,所有试验梁材料参数见表 6.1。

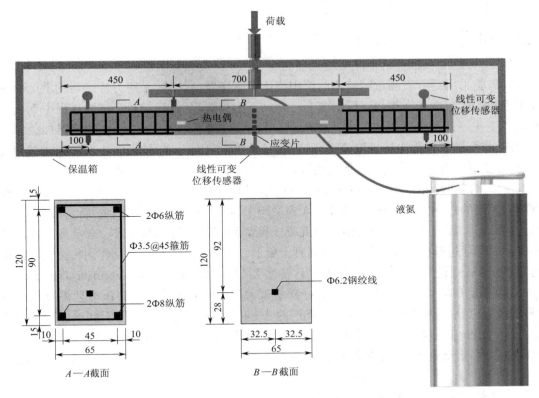

图 6.1　试验装置及试件构造图

表 6.1　试验梁材料参数

试件编号	T/℃	f_{cT}/MPa	f_{tT}/MPa	f_{pyT}/MPa	f_{puT}/MPa	σ_{con}/MPa	σ_{se}/MPa
CB1	20	44.03	5.89	1 856.4	2 042.9	0	0
PCB1-1	20	44.03	5.89	1 856.4	2 042.9	$0.75f_{puT}$	1 026
PCB1-2	20	44.03	5.89	1 856.4	2 042.9	$0.75f_{puT}$	1 026
CB2	−40	54.60	7.69	1 898.8	2 084.9	0	0
PCB2-1	−40	54.60	7.69	1 898.8	2 084.9	$0.75f_{puT}$	1 026
PCB2-2	−40	54.60	7.69	1 898.8	2 084.9	$0.75f_{puT}$	1 026
CB3	−70	59.88	8.05	1 957.6	2 168.0	0	0
PCB3-1	−70	59.88	8.05	1 957.6	2 168.0	$0.75f_{puT}$	1 095
PCB3-2	−70	59.88	8.05	1 957.6	2 168.0	$0.75f_{puT}$	1 095
CB4	−100	65.16	8.25	2 027.8	2 165.5	0	0
PCB4-1	−100	65.16	8.25	2 027.8	2 165.5	$0.75f_{puT}$	1 095
PCB4-2	−100	65.16	8.25	2 027.8	2 165.5	$0.75f_{puT}$	1 095

注：T 为低温温度；f_{cT} 为温度 T 时的混凝土轴心抗压强度；f_{tT} 为温度 T 时的混凝土轴心抗拉强度；f_{pyT} 为温度 T 时的钢绞线屈服强度；f_{puT} 为温度 T 时的钢绞线极限强度；σ_{con} 为张拉控制应力；σ_{se} 为有效预应力水平。

6.2　试验装置及量测

本试验采用百分表测量试验梁的跨中挠度及支座竖向位移,采用力传感器测量试验过程中施加的荷载。在浇筑前将低温应变片粘贴于钢绞线表面,记录整个试验过程中钢绞线的应变变化。试验梁采用超低温冷库降温,当温度达到指定温度时,转移到保温加载装置中,并在整个试验过程中接通液氮进行持温,保温加载装置示意图如图 6.1 所示。在试验过程中,液氮通过电磁阀喷入保温加载装置,以维持试验梁的目标测试温度。加载装置中的环境温度由固定在冷却室左、中、右区域的 3 个热电偶监控。如图 6.1 所示,4 个应变片安装在试验梁表面的每一侧,两个热电偶被嵌入到梁跨中顶部和底部区域。达到目标温度时,施加静力荷载。如图 6.1 所示,所有预应力混凝土梁都采用两点加载的方式。来自液压作动器的位移载荷通过分配梁施加到预应力混凝土梁上。不同荷载水平下的反作用力由连接在作动器上的测压元件测量。线性可变位移传感器(Linear Varying Displacement Transducers,LVDTs)安装在横梁下方,以监控测试过程中试验梁的竖直变形。LVDTs 亦监测支架的沉降。5 个应变片沿横截面深度固定在梁的跨中,垂直间距为 30 mm,用于测量混凝土的应变。2 个线性应变仪也连接到预应力钢绞线的中间,以记录产生的应变。线性应变片的最低工作温度是 -269 ℃,符合试验要求。

6.3　试验结果分析

6.3.1　力学性能、破坏模式及裂缝分布

图 6.2 给出了不同低温水平下预应力混凝土梁跨中荷载 - 挠度曲线。图 6.3 给出了不同低温水平下预应力混凝土梁跨中预应力钢绞线的荷载 - 应变曲线。分析表明,梁在低温下的力学行为与其常温下的力学行为非常接近,分为 3 个阶段。在第一阶段,出现第一条裂缝之前,预应力混凝土梁发生弹性变形,荷载 - 挠度曲线呈线性变化,第一条裂缝可以在跨中截面的底部观察到。在第二阶段,达到开裂荷载后,荷载 - 挠度曲线斜率降低,刚度降低。同时,由于混凝土开裂后应变从混凝土向预应力钢绞线重新分布,荷载 - 应变曲线刚度也有所降低。在预应力混凝土梁的纯弯曲区域可以观察到更多的裂纹,并且裂纹沿着横截面的深度垂直扩展。在此阶段,预应力混凝土梁的跨中挠度和预应力钢绞线的应变随着反作用力的增加几乎呈线性增加。在第三阶段,混凝土顶部纤维出现裂缝,随着加载位移的增大,混凝土逐渐压碎,预应力混凝土梁表现出塑性行为,在加载位置形成塑性铰,由于梁的刚度退化,梁的跨中挠度迅速增加,裂缝宽度增大,最后如图 6.4 所示预应力混凝土梁出现混凝土压碎、裂缝宽度过大或挠曲变形过大等现象而最终破坏。这些观察表明,所有试验梁破坏模式均为弯曲破坏。图 6.5 给出了在不同温度下试验梁的裂缝发展示意图。可以得出,温度和预应力水平对裂缝分布的影响很小。但是低温和预应力水平都表现出对第一抗裂性的改善。此外,随着温度的降低,混凝土的脆性增加,低温冻胀引起混凝土损坏。因此,裂纹的高度和宽度随着温度的降低而增加。

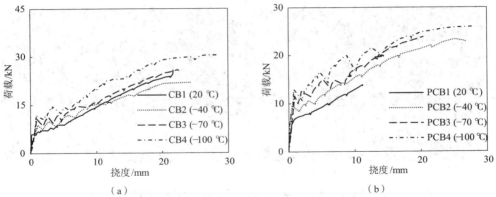

（a）　　　　　　　　　　　（b）

图 6.2　不同低温水平下预应力混凝土梁跨中荷载 - 挠度曲线

（a）非预应力混凝土梁　（b）预应力混凝土梁

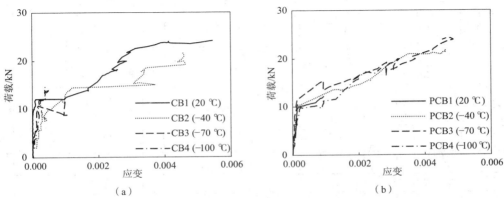

（a）　　　　　　　　　　　（b）

图 6.3　不同低温水平下预应力混凝土梁跨中预应力钢绞线的荷载 - 应变曲线

（a）非预应力混凝土梁　（b）预应力混凝土梁

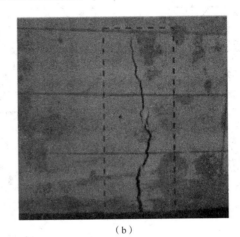

（a）　　　　　　　　　　　（b）

图 6.4　低温水平下混凝土梁典型破坏模式

（a）混凝土压碎　（b）裂缝沿宽度扩展

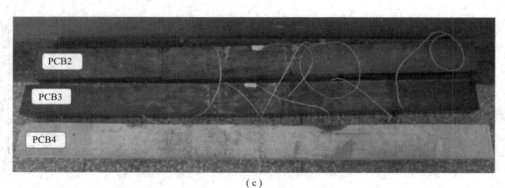

（c）

图 6.4　低温水平下混凝土梁典型破坏模式（续）

（c）试验梁弯曲破坏模式

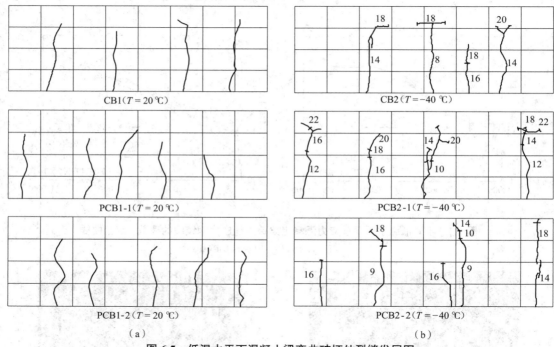

（a）

（b）

图 6.5　低温水平下混凝土梁弯曲破坏处裂缝发展图

（a）20 ℃时的裂缝发展情况　（b）-40 ℃时的裂缝发展情况

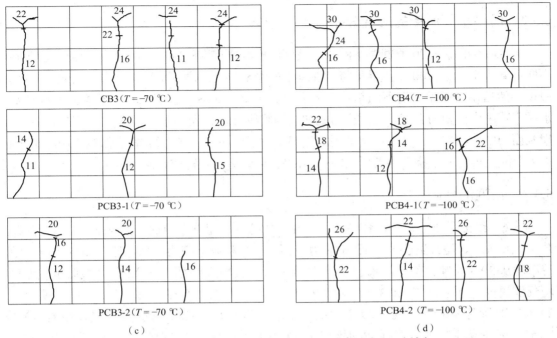

图 6.5　低温水平下混凝土梁弯曲破坏处裂缝发展图（续）

（c）-70 ℃时的裂缝发展情况　（d）-100 ℃时的裂缝发展情况

由荷载 - 挠度曲线可以得出开裂荷载 P_{cr} 和极限荷载 P_u，其具体值见表 6.2。

表 6.2　低温下试验梁试验结果及理论、有限元预测值对比

试件编号	P_{cr} /kN	P_u /kN	$P_{cr,a}$ /kN	$P_{cr,a}/P_{cr}$	$P_{u,a}$ /kN	$P_{u,a}/P_u$	$P_{cr,e}$ /kN	$P_{cr,e}/P_{cr}$	$P_{u,e}$ /kN	$P_{u,e}/P_u$
CB1	5.9	19.1	8.1	1.37	19.4	1.02	8.1	1.37	23.5	1.23
PCB1-1	6.5	20.2	11.3	1.74	19.0	0.94	8.6	1.32	20.4	1.01
PCB1-2	8.9	20.0	11.3	1.27	19.0	0.95	8.6	0.97	20.4	1.02
CB2	8.9	21.0	6.9	0.78	20.0	0.95	8.3	0.93	22.6	1.08
PCB2-1	9.8	21.3	12.9	1.32	19.8	0.93	9.6	0.98	23.5	1.10
PCB2-2	9.3	21.9	12.9	1.39	19.8	0.90	9.6	1.03	23.5	1.07
CB3	10.9	22.0	7.2	0.66	20.9	0.95	8.8	0.81	24.5	1.11
PCB3-1	10.9	22.4	13.6	1.25	20.7	0.92	11.1	1.02	23.8	1.06
PCB3-2	11.9	22.5	13.6	1.14	20.7	0.92	11.1	0.93	23.8	1.06
CB4	12.3	26.9	7.4	0.60	20.9	0.78	11.3	0.92	27..3	1.01
PCB4-1	10.4	24.6	13.8	1.33	20.8	0.85	11.5	1.11	25.3	1.03
PCB4-2	13.6	25.5	13.8	1.01	20.8	0.82	11.5	0.85	25.3	0.99
平均值				1.16		0.91		1.02		1.06
变异系数				0.34		0.07		0.17		0.06

注：P_{cr} 为试验梁开裂荷载试验值；P_u 为试验梁极限荷载试验值；$P_{cr,a}$ 为试验梁开裂荷载理论预测值；$P_{u,a}$ 为试验梁极限荷载理论预测值；$P_{cr,e}$ 为试验梁开裂荷载有限元预测值；$P_{u,e}$ 为试验梁极限荷载有限元预测值。

6.3.2　沿横截面深度的应变分布

图 6.6 给出了 -100 ℃低温下沿跨中截面深度的典型水平应变分布曲线。结果表明,在不同荷载水平下,-100 ℃低温下跨中混凝土的水平应变沿高度呈线性分布。因此,平截面假设仍然适用于低温环境下的粘结预应力混凝土梁。如图 6.6 所示,可以观察到不同荷载水平下跨中中性轴的高度。在预应力施加到钢绞线上之后,预应力混凝土梁出现仰拱效应,横截面的中性轴的位置从中部移动到其顶部受拉区。随着施加力的增大,仰拱效应减小,预应力混凝土梁的向下挠度逐渐增大。一旦出现裂缝,中性轴迅速移向混凝土受压区。

6.3.3　低温的影响

图 6.2 给出了 20 ℃、-40 ℃、-70 ℃、-100 ℃这 4 个温度点的预应力混凝土试验梁的荷载 - 挠度曲线。随着温度的降低,预应力混凝土梁的极限承载力和初始刚度得到提高。随着温度从 20 ℃分别降至 -40 ℃、-70 ℃以及 -100 ℃,预应力混凝土梁试件的极限承载力平均分别提高了 9%、15% 和 33%。图 6.7 给出了温度对初始开裂荷载的影响。随着温度从 20 ℃分别降至 -40 ℃、-70 ℃以及 -100 ℃,对于预应力水平为 0(试件编号为 CB 系列)和 $0.75f_{pu}$(试件编号为 PCB 系列)的混凝土试验梁,开裂荷载 P_{cr} 分别提升了 51%(24%)、85%(48%)和 108%(56%)。与 P_u 相比,低温对 P_{cr} 的影响更为显著。其主要原因是混凝土拉伸和压缩强度的增加,以及钢绞线在低温下的屈服强度和极限强度的提高。环境温度和不同低温下预应力钢绞线的荷载 - 应变曲线如图 6.3 所示。可以看出,温度对预应力钢绞线的荷载 - 应变性能的影响非常有限。

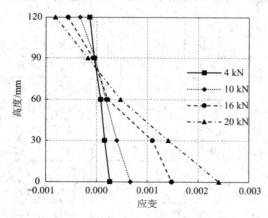

图 6.6　-100 ℃下跨中截面应变分布图

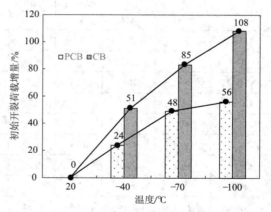

图 6.7　温度对开裂荷载增量的影响

6.3.4　预应力水平的影响

图 6.2 为试验梁在 0 和 $0.75f_{pu}$ 的不同预应力水平下的荷载 - 挠度曲线。可以得出,预应力水平对预应力混凝土梁的初始刚度和极限荷载 P_u 的影响很小,但对预应力混凝土梁的开裂荷载 P_{cr} 影响显著。随着预应力水平从 0 增加到 $0.75f_{pu}$,在 20 ℃、-40 ℃、-70 ℃以

及 −100 ℃，试验梁开裂荷载 P_{cr} 分别平均提高了 30.5%、7.3%、4.6% 和 5.0%。

6.4　低温环境下粘结预应力混凝土梁结构性能的理论分析

6.4.1　开裂荷载

粘结预应力混凝土梁的开裂弯矩可通过《混凝土结构设计规范》（GB/T 50010—2010）[1] 规范公式得出：

$$M_{crT} = \left(\sigma_{pc} + \gamma f_{tT} \right) W_0 \tag{6.1}$$

考虑温度影响的混凝土抗拉强度为

$$f_{tT} = \left(1.45 - 1.02^{T-60} \right) f_{ta} \tag{6.2}$$

其中，M_{crT} 为预应力混凝土梁的开裂弯矩（N·mm）；σ_{pc} 为混凝土受拉边缘上的预压应力（MPa）；γ 为混凝土构件的截面抵抗矩塑性影响系数；f_{tT} 为温度 T 时混凝土的抗拉强度（MPa）；f_{ta} 为温度为 20 ℃时混凝土的抗拉强度（MPa）；W_0 为构件换算截面受拉边缘的弹性抵抗矩（mm³）。

混凝土受拉边缘上的预压应力 σ_{pc} 为

$$\sigma_{pc} = \frac{\sigma_{pe} A_p}{A_0} \pm \frac{\sigma_{pe} A_p e_{p0}}{I_0} y_0 \tag{6.3}$$

其中，σ_{pe} 为预应力钢绞线中的有效拉应力（MPa）；A_p 为预应力钢绞线的截面面积（mm²）；A_0 为混凝土梁的横截面面积（mm²），包括预应力钢绞线的等效混凝土面积（mm²）；e_{p0} 为从质心轴到预加载点的距离（mm）；I_0 为截面的惯性矩（mm⁴）；y_0 为从质心轴到梁拉伸边缘的距离（mm）。

预应力混凝土梁的开裂荷载为

$$P_{cr} = \frac{2M_{crT}}{L_a} \tag{6.4}$$

其中，L_a 为梁的剪切跨度（mm）。

6.4.2　极限荷载

对于预应力混凝土梁受弯构件，其正截面受弯承载力根据规范 ACI 318-14[2] 计算如下：

$$0.85 f'_{cT} bx = A_{ps} f_{ps} + A_s f_{yT} - A'_s f'_y \tag{6.5}$$

$$M_{uT} = 0.85 f'_{cT} bx \left(h_0 - \frac{x}{2} \right) + A'_s f'_{yT} \left(h_0 - a'_s \right) - A_{ps} f_{ps} \left(h_0 - a_p \right) \tag{6.6}$$

其中，A_s、A'_s 和 A_{ps} 分别为非预应力受拉钢筋、受压钢筋和预应力钢绞线的截面面积（mm²）；h_0、a'_s 和 a_p 分别为混凝土受压边缘到非预应力受拉钢筋、纵向受压钢筋和预应力钢绞线质心的距离（mm）；b 为横截面宽度（mm）；x 为抗压区混凝土的等效高度（mm），可通过式（6.5）获得；f'_{cT} 为混凝土试件在温度 T 时的规定抗压强度（MPa）；f_{yT}、f'_c 分别为非预应力受拉钢筋和受压钢筋在温度 T 下的屈服强度（MPa）；$M_{\mathrm{u}T}$ 为预应力混凝土梁在温度 T 下的极限弯矩（kN·m）；f_{ps} 为极限状态下预应力钢筋的应力（MPa）。

如果所有的预应力钢绞线都在受拉区，并且 $f_{\mathrm{ps}} = 0.5 f_{\mathrm{pu}T}$，则粘结预应力混凝土梁的 f_{ps} 可按下式计算：

$$f_{\mathrm{ps}} = f_{\mathrm{pu}T} \left\{ 1 - \frac{\gamma_{\mathrm{p}}}{\beta_1} \left[\rho_{\mathrm{b}} \frac{f_{\mathrm{pu}T}}{f_{\mathrm{c}T}'} + \frac{h_0}{a_{\mathrm{p}}} (\rho - \rho') \right] \right\} \tag{6.7}$$

其中，$f_{\mathrm{pu}T}$ 为温度 T 时预应力钢绞线的极限强度（MPa），由不同温度下的材料性能试验获得，见表 6.1；ρ、ρ'、ρ_{b} 分别为受拉钢筋、受压钢筋和预应力钢绞线的配筋率；γ_{p} 为与预应力钢绞线强度相关的系数，计算公式如下：

$$\gamma_{\mathrm{p}} = \begin{cases} 0.55 & 0.80 \leqslant f_{\mathrm{py}T}/f_{\mathrm{pu}T} < 0.85 \\ 0.40 & 0.85 \leqslant f_{\mathrm{py}T}/f_{\mathrm{pu}T} < 0.90 \\ 0.28 & f_{\mathrm{py}T}/f_{\mathrm{pu}T} \geqslant 0.90 \end{cases} \tag{6.8}$$

其中，$f_{\mathrm{py}T}$ 为温度 T 时预应力钢绞线的屈服强度（MPa）。

β_1 为与混凝土强度相关的因数，可通过以下方式获得：

$$\beta_1 = \begin{cases} 0.85 & f_{\mathrm{c}T}' \leqslant 27.6 \ \mathrm{MPa} \\ 0.85 - 0.05 \dfrac{f_{\mathrm{c}T}' - 27.6}{6.9} \geqslant 0.65 & f_{\mathrm{c}T}' > 27.6 \ \mathrm{MPa} \end{cases} \tag{6.9}$$

6.4.3　理论分析的验证

将开裂荷载 P_{cr} 理论预测值与表 6.2 中的试验值进行比较。结果表明，预测值平均比试验值大 16%，变异系数为 0.34。与开裂荷载 P_{cr} 相比，所提出的理论模型能更准确地预测极限荷载 P_{u}，预测值平均比试验值小 9%，变异系数为 0.07。这可能是材料性能的离散性和试验中预应力水平量测的不准确性造成的。因此，本章提出的理论模型可以对开裂荷载 P_{cr} 与极限荷载 P_{u} 进行合理的预测。

6.5　低温环境下粘结预应力混凝土梁结构性能的有限元分析

6.5.1　网格单元与接触模拟

采用大型通用计算软件 ABAQUS 建立不同温度下粘结预应力混凝土梁的有限元精细化模型，并采用 ABAQUS 隐式求解器求解。

6.5.2　网格单元

典型的预应力混凝土梁包含混凝土、加载板、底座、预应力钢绞线、纵筋和箍筋等。如图 6.8 所示，在 ABAQUS 单元库中，选择线性减缩积分三维实体单元（C3D8R）模拟混凝土、加载块和底座。这个单元由每个节点的 1 个积分点和 3 个平移自由度组成。预应力混凝土梁中的预应力钢绞线、纵筋和箍筋采用双节点三维桁架单元（T3D2）进行模拟。混凝土、加载板和底座的网格尺寸分别选择 10 mm × 10 mm × 10 mm、5 mm × 5 mm × 5 mm、5 mm × 5 mm × 5 mm。

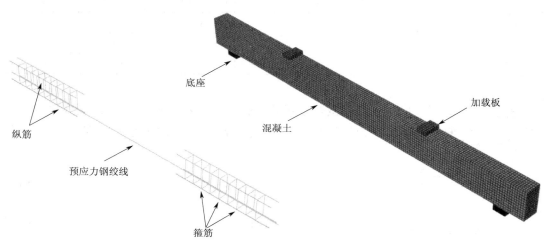

图 6.8　预应力混凝土梁精细化有限元模型

在有限元模型中假定纵筋及箍筋与混凝土之间无滑移。对于有粘结预应力钢绞线，在低温下考虑粘结滑移对预应力混凝土梁结构性能的影响。因此，引入非线性弹簧单元 Spring2 来模拟预应力钢绞线与周围混凝土之间的粘结滑移。对于无粘结预应力混凝土梁，钢绞线与混凝土截面无法协调变形。因此，引入刚性弹簧单元 SpringA 模拟预应力钢绞线与周围混凝土之间的接触。

6.5.3　材料本构

1. 混凝土

ABAQUS 提供了 2 种混凝土材料本构模型，分别为混凝土塑性损伤模型（concrete damage plasticity model）以及弥散裂缝模型（smeared crack model）。弥散裂缝模型利用定向弹性损伤以及各向等压塑性的概念来定义混凝土的非线性性能，适用于分析承受单调加载的各类型钢筋混凝土结构以及素混凝土的分析研究。本章采用混凝土塑性损伤模型，该模型的适用范围更加广泛。采用各向等压以及等拉的法则定义混凝土的各向同性的塑性损伤。在塑性损伤模型中，采用由 Lubliner 等[3] 提出、Lee 等[4] 修正的屈服函数描述了混凝土在拉压作用下的强度演化规律。该模型还采用了非关联塑性流动法则来描述应力和增量塑性应变之间的关系。硬化规律表明，屈服准则和流动规律随塑性应变的增加而变化。该模型还考虑了由各向同性损伤引起的刚度退化[5]。

采用 Xie 等[6] 提出的 σ-ε 曲线来描述混凝土在不同低温下的应力-应变关系：

$$\sigma_{c} = \begin{cases} f_{cT}\left[A(\varepsilon_{c}/\varepsilon_{0T}) + (3-2A)(\varepsilon_{c}/\varepsilon_{0T})^{2} + (A-2)(\varepsilon_{c}/\varepsilon_{0T})^{3} \right] & 0 \leqslant \varepsilon_{c}/\varepsilon_{0T} \leqslant 1 \\ f_{cT}(\varepsilon_{c}/\varepsilon_{0T})\left[B(\varepsilon_{c}/\varepsilon_{0T}-1)^{2} + \varepsilon_{c}/\varepsilon_{0T} \right]^{-1} & \varepsilon_{c}/\varepsilon_{0T} > 1 \end{cases} \quad (6.10)$$

其中，σ_c、ε_c 分别为混凝土的压应力和压应变；f_{cT} 为温度 T 下混凝土的抗压强度（MPa），可由式（6.12）获得；ε_{0T} 为抗极限抗压强度为 f_{cT} 时的压缩应变；A、B 为不同温度下的回归系数，见表 6.3。

表 6.3　混凝土在不同温度下的回归系数 A、B

回归系数	20 ℃	0 ℃	−40 ℃	−80 ℃	−120 ℃	−160 ℃
A	2.7	2.7	2.2	1.8	1.6	1.5
B	0.7	1.3	1.7	2.0	5.0	6.0

先前的试验结果[7]表明，低温显著影响了混凝土的力学性能。Yan 等[7]提出的经验预测公式考虑了低温对混凝土弹性模量、极限抗压强度和极限抗压强度应变的影响，具体如下：

$$I_{E_c} = \frac{E_{cT}}{E_{ca}} = -0.001\,1T + 1.08 \quad -160\ ^\circ\text{C} \leqslant T \leqslant 20\ ^\circ\text{C} \tag{6.11}$$

$$I_{f_c} = \frac{f_{cT}}{f_{ca}} = -0.002\,7T + 1.036 \quad -160\ ^\circ\text{C} \leqslant T \leqslant 20\ ^\circ\text{C} \tag{6.12}$$

$$I_{\varepsilon_0} = \frac{\varepsilon_{0T}}{\varepsilon_{0a}} = -0.001\,2T + 0.88 \quad -160\ ^\circ\text{C} \leqslant T \leqslant 20\ ^\circ\text{C} \tag{6.13}$$

其中，I_{f_c}、I_{ε_0}、I_{E_c} 分别为不同低温下 f_c、ε_0 和 E_c 的增大系数；f_{ca}、ε_{0a}、E_{ca} 分别为极限抗压强度（MPa）、对应应变和环境温度下的弹性模量（GPa）；f_{cT}、ε_{0T}、E_{cT} 分别为极限抗压强度（MPa）、温度 T 下的应变和温度 T 下的弹性模量。

本章中，混凝土在常温下的力学性能可以从试验中获得。根据环境温度下的试验结果，确定了最终用于有限元模型的低温下混凝土应力 - 应变曲线，如图 6.9 所示。

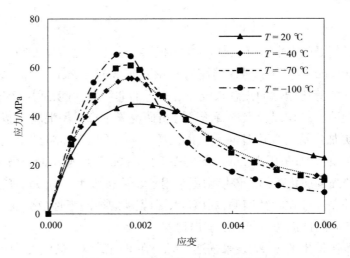

图 6.9　低温下混凝土应力 - 应变曲线

混凝土在不同低温下的抗拉强度可通过式（6.2）计算得出。用断裂能开裂模型模拟了混凝土的拉伸行为。有限元模型中使用的断裂能 G_f 可以通过 CEB-FIP[8] 提出的以下公式计算：

$$G_f = G_{f_0} \left(\frac{f_{cT}}{10} \right)^{0.7} \tag{6.14}$$

其中，f_{cT} 为混凝土在温度 T 时的抗压强度（MPa）；G_{f_0} 为混凝土的断裂能，随着混凝土粗骨料的变化而变化（对于 $d = 32$ mm，$G_{f_0} = 0.058$ N/mm²，对于 $d = 16$ mm，$G_{f_0} = 0.030$ N/mm²，对于 $d = 8$ mm，$G_{f_0} = 0.025$ N/mm²，d 为混凝土中粗骨料的直径（mm））。

2. 钢材

预应力混凝土梁中的预应力钢绞线和非预应力钢筋采用非线性各向同性模型模拟，该模型采用冯 - 米塞斯屈服准则定义各向同性屈服。图 6.10 所示的模型中采用了具有应变硬化的 σ-ε 曲线。不同低温下预应力钢绞线的屈服强度和极限强度、弹性模量和泊松比的值可从表 6.1 所列的材料参数中获得。非预应力钢筋在不同低温下的屈服强度和极限强度值可计算如下 [9]：

$$f_{yT} = \begin{cases} f_{ya}e^{0.0012(T_0 - T)} & \text{对于HRB335 钢} \\ f_{ya}e^{0.0007(T_0 - T)} & \text{对于HRB400钢} \end{cases} \tag{6.15}$$

$$f_{uT} = \begin{cases} f_{ua}e^{0.0009(T_0 - T)} & \text{对于HRB335钢} \\ f_{ua}e^{0.0007(T_0 - T)} & \text{对于HRB400钢} \end{cases} \tag{6.16}$$

其中，f_{ya}、f_{yT} 分别为常温和温度 T 下钢筋的屈服强度（MPa）；f_{ua}、f_{uT} 分别为常温和温度 T 下钢筋的极限强度（MPa）；T_0 为常温 20 ℃。

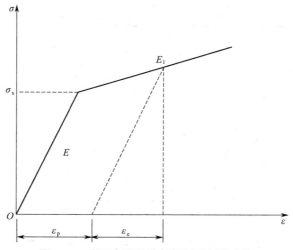

图 6.10　用于有限元分析钢材双折线本构

6.5.4　有粘结预应力钢绞线的模拟

对于低温环境下的有粘结预应力混凝土梁，需要考虑粘结滑移对梁的结构性能的影响。

选用《混凝土结构设计规范》（GB/T 50010—2010）提出的粘结滑移模型描述有粘结预应力筋与混凝土之间的粘结应力 - 滑移本构关系曲线，如图 6.11 所示。该曲线由 4 个阶段组成，方程可表述为

$$\tau = \begin{cases} k_1 s & 0 \leqslant s \leqslant s_{cr} \\ \tau_{cr} + k_2 (s - s_{cr}) & s_{cr} \leqslant s \leqslant s_u \\ \tau_u + k_3 (s - s_u) & s_u \leqslant s \leqslant s_r \\ \tau_r & s > s_r \end{cases} \tag{6.17}$$

$$k_1 = \frac{\tau_{cr}}{s_{cr}} \tag{6.18}$$

$$k_2 = \frac{\tau_u - \tau_{cr}}{s_u - s_{cr}} \tag{6.19}$$

$$k_3 = \frac{\tau_r - \tau_u}{s_r - s_u} \tag{6.20}$$

其中，τ、s 分别为粘结应力（MPa）及其相应的滑移（mm）；τ_{cr}、s_{cr} 分别为开裂时的粘结应力（MPa）及其相应的滑移（mm）；τ_u、s_u 分别为峰值粘结应力（粘结强度）（MPa）及其相应的滑移（mm）；τ_r、s_r 分别为残余粘结应力（MPa）及其相应的滑移（mm）。

以上各式参数可以根据预应力钢绞线的直径和混凝土在不同低温下的抗拉强度来确定，见表 6.4。

表 6.4　混凝土与钢筋间粘结应力 - 滑移曲线的参数值

特征点	劈裂		峰值		残余	
粘结应力/(N/mm²)	τ_{cr}	$2.5f_{tT}$	τ_u	$3f_{tT}$	τ_r	f_{tT}
相对滑移/mm	s_{cr}	$0.025d$	s_u	$0.04d$	s_r	$0.55d$

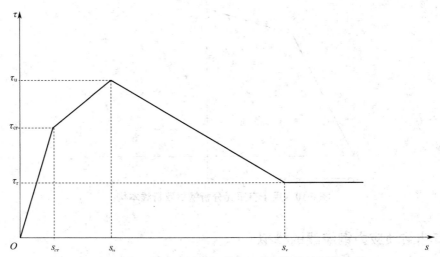

图 6.11　用于有限元分析钢筋与混凝土的粘结滑移曲线

　　预应力混凝土梁受弯作用下,钢绞线和混凝土之间会产生相对滑移。为了考虑两者之间的粘结滑移,可通过引入非线性弹簧单元来实现。弹簧元件的切向刚度 k_t 和法向刚度 k_n 需要定义。混凝土元件相关联的节点通过非线性弹簧元件与钢绞线元件相关联的节点连接,如图 6.12 所示。

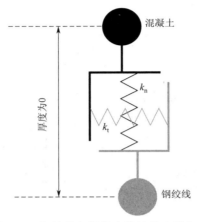

图 6.12　钢绞线与混凝土粘结的建模方式

　　分配给每个弹簧元件的力与定义的弹簧元件的数量和它们之间的间距有关。本试验中假设非线性弹簧元件沿预应力钢绞线等间距设置。非线性弹簧元件需要输入力和滑移之间的关系如下:

$$F = \tau A \tag{6.21}$$

$$\tau = \pi d l \tag{6.22}$$

其中, F 为单个弹簧元件的力(N); τ 为结合应力(MPa); A 为钢绞线与混凝土的接触面积(mm²); l 为每个弹簧元件的间距(mm); d 为预应力钢绞线的直径(mm)。

6.5.5　有限元分析的验证

　　将超低温环境下有粘结预应力混凝土梁的荷载 - 跨中挠度曲线与试验结果进行比较,如图 6.13 及表 6.2 所示,可知由有限元模型预测得到的前期刚度、塑性性能、工作阶段、极限荷载以及整个荷载 - 跨中挠度曲线与试验结果吻合良好。预应力混凝土梁开裂荷载的预测值以及试验值列于表 6.2 中。由图表可知,与试验测得的梁的开裂荷载相比,有限元分析计算结果偏小约 1%,变异系数为 0.23;有限元方法得到的梁的极限荷载的预测值与试验值的比值为 1.06,变异系数为 0.06;预测值与试验值出现一定误差的原因是试验中梁的开裂荷载较难准确测量,且低温下混凝土材料性能的离散性较大,试件数量相对较少,难以获得较为稳定的试验结果;但梁的极限荷载拟合结果较好,且离散系数相对较小。

　　将有限元分析预测得到的荷载 - 钢绞线跨中应变曲线与试验结果进行比较,如图 6.14所示。由于测量误差以及低温对应变片的影响,部分载荷 - 钢绞线跨中应变曲线是不完整的。然而,混凝土的开裂荷载可从该曲线图中得到较清晰的体现,随着混凝土的开裂,应力由混凝土传递至钢绞线,钢绞线应变增长速度较快。而且,从部分完整曲线中可知,有限元模型能够对钢绞线的应力增量做出较为准确且合理的预测。图 6.15 将试验过程中观察到的裂缝分布与有限元预测结果中的裂缝分布进行了对比,可以看出有限元预测结果与试验结果吻合较好。从以上比较可以看出,所提出的有限元方法从荷载 - 中心挠度曲线、预应力钢绞线的荷载 - 应变曲线、抗裂性和极限抗力等方面对低温下粘结预应力混凝土梁的结构性能提供了合理的预测。

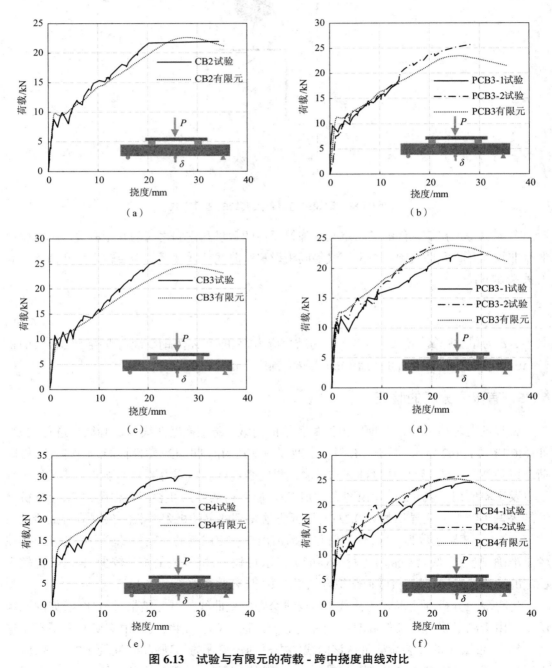

图 6.13　试验与有限元的荷载 - 跨中挠度曲线对比

（a）CB2 试件　（b）PCB2 试件　（c）CB3 试件　（d）PCB3 试件　（e）CB4 试件　（f）PCB4 试件

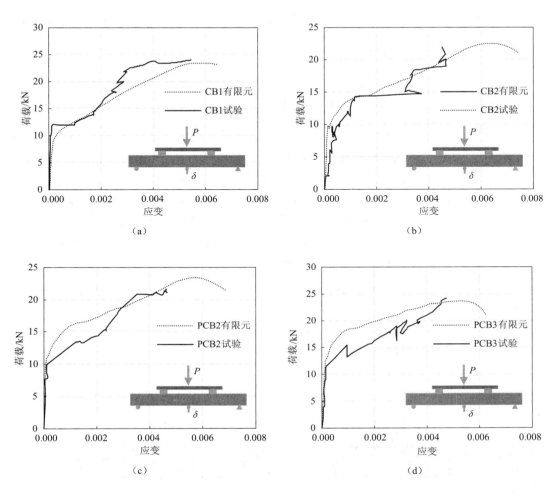

图 6.14　试验与有限元荷载 - 钢绞线跨中应变曲线对比

（a）CB1 试件　（b）CB2 试件　（c）PCB2 试件　（d）PCB3 试件

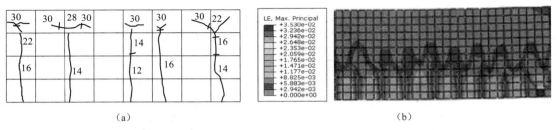

图 6.15　-100 ℃下试验与有限元破坏模式对比

（a）试验　（b）有限元

6.6　低温环境下和冻融循环后粘结预应力混凝土梁结构性能的参数研究

6.6.1　低温下预应力混凝土梁的参数研究

影响超低温环境下预应力混凝土梁结构性能的因素有很多,如温度、预应力筋以及非预应力筋配筋率、混凝土强度等级、有效预应力、梁的净跨与梁截面有效高度的比(跨高比)、预应力筋有无粘结等。本节采用 6.5 节提出的有限元模型,在验证有限元模型的基础上,选取温度、配筋率、有效预应力水平和混凝土强度等级等参数,对超低温环境下预应力混凝土梁的开裂荷载、极限荷载、应力增长等性能进行对比分析与研究。图 6.16 所示为参数研究中粘结预应力混凝土梁的几何尺寸和加载示意图。本节主要参数为温度,即 20 ℃、−40 ℃、−80 ℃、−120 ℃,并在每个温度水平下研究其他参数,具体如下。

(1)选取 0.83%、1.47% 和 2.3% 的配筋率来研究不同温度下非预应力钢筋对粘结预应力混凝土梁性能的影响。

(2)选择不同的有效拉伸应力,即 400 MPa、800 MPa 和 1 200 MPa。

(3)选用不同等级的混凝土,即 C30、C45 和 C60。

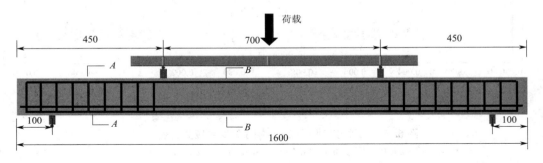

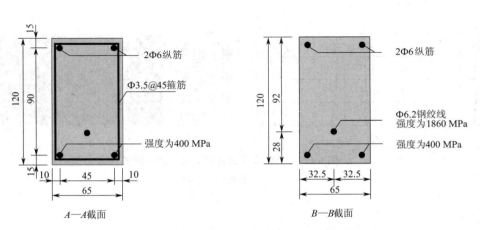

图 6.16　参数分析中粘结预应力混凝土梁的几何尺寸及加载示意图

表 6.5 给出了该参数分析中不同工况下具体研究参数的内容。

表 6.5　有限元参数分析的参数与结果

编号	$T/℃$	混凝土抗压强度 /MPa	混凝土抗拉强度 /MPa	配筋率 /%	有效预应力水平 /MPa	开裂荷载 P_{cr} /MPa	极限荷载 P_u /MPa
A-1-1	20	C60	2.85	0.83	800	6.61	28.74
A-1-2	20	C60	2.85	1.47	800	6.89	34.66
A-1-3	20	C60	2.85	2.30	800	7.01	43.43
A-2-1	−40	C60	2.85	0.83	800	7.34	31.24
A-2-2	−40	C60	2.85	1.47	800	7.68	37.56
A-2-3	−40	C60	2.85	2.30	800	7.75	46.99
A-3-1	−80	C60	2.85	0.83	800	7.57	32.38
A-3-2	−80	C60	2.85	1.47	800	7.87	39.26
A-3-3	−80	C60	2.85	2.30	800	7.99	49.48
A-4-1	−120	C60	2.85	0.83	800	7.79	35.24
A-4-2	−120	C60	2.85	1.47	800	7.95	43.21
A-4-3	−120	C60	2.85	2.30	800	8.21	53.95
B-1-1	20	C60	2.85	1.47	400	4.74	32.16
B-1-2	20	C60	2.85	1.47	800	6.61	34.66
B-1-3	20	C60	2.85	1.47	1 200	8.07	36.85
B-2-1	−40	C60	2.85	1.47	400	5.58	35.54
B-2-2	−40	C60	2.85	1.47	800	7.34	37.56
B-2-3	−40	C60	2.85	1.47	1 200	9.44	39.89
B-3-1	−80	C60	2.85	1.47	400	5.82	37.61
B-3-2	−80	C60	2.85	1.47	800	7.57	39.26
B-3-3	−80	C60	2.85	1.47	1 200	9.68	42.14
B-4-1	−120	C60	2.85	1.47	400	6.06	41.75
B-4-2	−120	C60	2.85	1.47	800	7.79	43.21
B-4-3	−120	C60	2.85	1.47	1 200	9.92	45.73
C-1-1	20	C30	2.01	1.47	800	5.70	31.24
C-1-2	20	C45	2.51	1.47	800	6.23	32.98
C-1-3	20	C60	2.85	1.47	800	6.61	34.66
C-2-1	−40	C30	2.01	1.47	800	6.29	33.68
C-2-2	−40	C45	2.51	1.47	800	6.90	35.79
C-2-3	−40	C60	2.85	1.47	800	7.34	37.56
C-3-1	−80	C30	2.01	1.47	800	6.48	35.34
C-3-2	−80	C45	2.51	1.47	800	7.12	37.74
C-3-3	−80	C60	2.85	1.47	800	7.57	39.26
C-4-1	−120	C30	2.01	1.47	800	6.66	38.67

编号	$T/℃$	混凝土抗压强度 /MPa	混凝土抗拉强度 /MPa	配筋率 /%	有效预应力水平 /MPa	开裂荷载 P_{cr} /MPa	极限荷载 P_u /MPa
C-4-2	-120	C45	2.51	1.47	800	7.32	41.08
C-4-3	-120	C60	2.85	1.47	800	7.79	43.21

图 6.17 绘制了不同非预应力配筋率、有效预应力和混凝土强度的粘结预应力混凝土梁在不同低温下的荷载 - 挠度曲线。

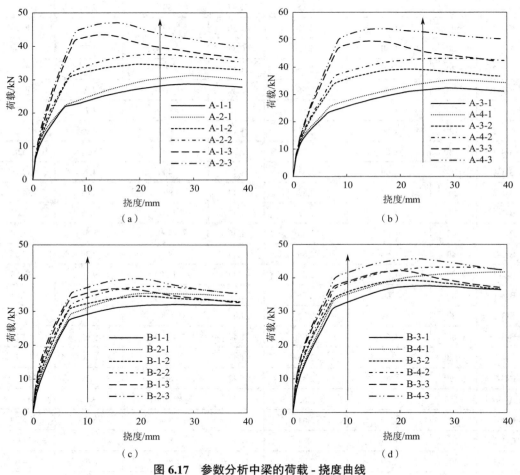

图 6.17　参数分析中梁的荷载 - 挠度曲线

（a）A-1、A-2 试件　（b）A-3、A-4 试件　（c）B-1、B-2 试件　（d）B-3、B-4 试件

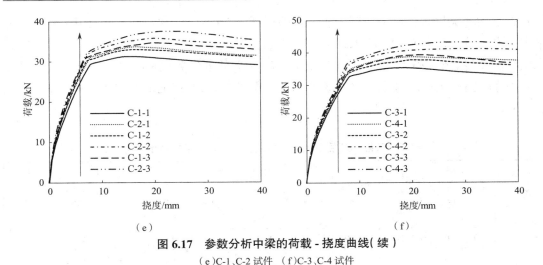

图 6.17　参数分析中梁的荷载 - 挠度曲线(续)

(e)C-1、C-2 试件　　(f)C-3、C-4 试件

由表 6.5 可以得出,当非预应力筋配筋率从 0.83% 增加到 1.47% 和 2.30% 时,预应力混凝土梁在不同低温下的极限荷载 P_u 分别增加了 21% 和 52%;但非预应力筋配筋率对开裂荷载 P_{cr} 的影响非常有限,可以忽略不计。随着温度从 20 ℃下降至 −120 ℃,非预应力筋配筋率分别为 0.83%、1.47% 和 2.30% 的预应力混凝土梁的极限荷载 P_u 分别提高了 23%、25% 和 24%。随着温度从 20 ℃下降至 −120 ℃,预应力混凝土梁的有效预应力分别为 400 MPa、800 MPa 和 1 200 MPa 的预应力混凝土梁,其开裂荷载 P_{cr}(极限荷载 P_u)分别提高了 34%(30%)、18%(25%)和 23%(24%)。随着有效预应力从 400 MPa 增加至 800 MPa、1 200 MPa,不同低温下的预应力混凝土梁的开裂荷载 P_{cr} 平均提高了 32% 和 67%,而极限荷载 P_u 提升不明显。随着混凝土强度的增加和温度的降低,预应力混凝土梁的挠度均增大。当温度从 20 ℃下降至 −120 ℃时,混凝土强度等级为 C30、C45 和 C60 的试验梁的 P_{cr}(P_u)分别提高了 17%(24%)、17%(25%)和 18%(25%)。随着温度的降低,混凝土和钢的强度增加。因此,随着非预应力配筋率与混凝土、钢的强度增加,截面的中性轴向上移动到截面的受压区,这导致横截面的抗弯强度增加,粘结预应力混凝土梁的极限荷载 P_u 得到提升;随着混凝土有效预应力和抗拉强度的提高,粘结预应力混凝土梁的开裂荷载 P_{cr} 提高。

6.6.2　冻融循环后预应力混凝土梁的参数研究

1. 冻融循环后混凝土应力 - 应变曲线

通过有限元模型,对冻融循环后的预应力混凝土梁进行了参数研究。图 6.16 显示了参数研究中粘结预应力混凝土梁的几何细节。寒冷地区的预应力混凝土构件普遍会发生冻融循环。而这个问题也给这些预应力混凝土结构带来了巨大的破坏,损害了它们的结构性能,减少了使用寿命。冻融循环对混凝土材料性能的影响比对钢材大得多。因此,精确模拟冻融循环后预应力混凝土梁的结构性能需要精确的混凝土本构模型。钢模型的选择忽略了冻融循环的影响。

本节共对 21 个 100 mm × 100 mm × 300 mm 的标准棱柱体试件进行了不同温度 T 以及

不同冻融循环次数 N 的冻融循环试验。试验混凝土设计强度等级为 C60,采用的配合比为水泥∶水∶砂∶石 = 1∶0.44∶1.31∶2.78。试验开始前应当在标准环境下养护 28 d,且冻融循环前需将试件在常温条件下泡水静置 7 d。主要研究参数包括冻融循环试验中的最低温度和冻融循环次数,试验测得的混凝土应力 - 应变(σ-ε)亦被记录下来。试验具体参数见表 6.6。

表 6.6 冻融循环后混凝土试件试验值与理论值的对比分析

编号	温度/℃	冻融循环次数 N	极限抗压强度试验值/MPa	理论值/MPa	试验值/理论值	极限应变试验值/MPa	理论值/MPa	试验值/理论值	弹性模量试验值/MPa	理论值/MPa	试验值/理论值
FT1-0-1	20	0	42.28	41.19	1.03	1 830	2 093	0.87	58 790	53 721	1.09
FT1-0-2	20	0	39.58	41.19	0.96	2 100	2 093	1.00	44 987	53 721	0.84
FT1-0-3	20	0	41.71	41.19	1.01	2 350	2 093	1.12	57 386	53 721	1.07
FT2-15-1	−40	15	37.43	37.13	1.01	2 310	2 071	1.12	47 767	41 631	1.15
FT2-15-2	−40	15	38.02	37.13	1.02	2 040	2 071	0.99	37 954	41 631	0.91
FT2-15-3	−40	15	37.53	37.13	1.01	1 930	2 071	0.93	45 290	41 631	1.09
FT2-25-1	−40	25	33.72	34.77	0.97	2 680	2 242	1.20	31 057	32 356	0.96
FT2-25-2	−40	25	33.93	34.77	0.98	1 950	2 242	0.87	30 670	32 356	0.95
FT2-25-3	−40	25	35.35	34.77	1.02	2 090	2 242	0.93	41 239	32 356	1.27
FT3-15-1	−80	15	35.09	35.32	0.99	2 270	2 073	1.10	31 615	35 511	0.89
FT3-15-2	−80	15	39.14	35.32	1.11	1 830	2 073	0.88	37 276	35 511	1.05
FT3-15-3	−80	15	34.08	35.32	0.96	2 190	2 073	1.06	31 629	35 511	0.89
FT3-25-1	−80	25	32.91	33.08	0.99	2 260	2 245	1.01	24 132	27 599	0.87
FT3-25-2	−80	25	31.36	33.08	0.95	2 380	2 245	1.06	22 666	27 599	0.82
FT3-25-3	−80	25	33.93	33.08	1.03	2 010	2 245	0.90	31 772	27 599	1.15
FT4-6-1	−120	6	37.32	37.80	0.99	1 780	1 800	0.99	43 109	47 605	0.91
FT4-6-2	−120	6	34.81	37.80	0.92	1 660	1 800	0.92	40 605	47 605	0.85
FT4-6-3	−120	6	38.21	37.80	1.01	1 830	1 800	1.02	45 575	47 605	0.96
FT5-6-1	−160	6	40.05	35.96	1.11	1 670	2 002	0.83	44 958	40 606	1.11
FT5-6-2	−160	6	35.30	35.96	0.98	1 890	2 002	0.94	43 516	40 606	1.07
FT5-6-3	−160	6	34.11	35.96	0.95	1 940	2 002	0.97	46 583	40 606	1.15
平均值					1.00			0.99			1.00
变异系数					0.05			0.10			0.13

冻融循环后混凝土的典型受压应力 - 应变曲线如图 6.18 所示。混凝土的极限抗压强度 f_{ccD}、极限抗压强度下的应变 ε_{ccD} 和弹性模量 E_{ccD} 由试验混凝土的典型受压应力 - 应变曲线得出,并在表 6.6 中列出。可以看出,随着冻融循环次数 N 的增加,混凝土的极限抗压强度 f_{ccD} 与弹性模量 E_{ccD} 均有降低。但随着冻融循环次数的增加,极限抗压强度下的应变 ε_{ccD} 降

低不明显。冻融循环试验中的最低温度对受压应力 - 应变曲线的影响与冻融循环次数的影响相似。根据试验结果,建立的预测冻融循环后混凝土力学性能的经验模型如下:

$$I_{f_c} = \frac{f_{ccD}}{f_{c0}} = 1.342e^{0.001\,25T_L} N^{-0.128} \quad -160\ ℃ \leqslant T_L \leqslant 20\ ℃ \tag{6.23}$$

$$I_{\varepsilon_0} = \frac{\varepsilon_{ccD}}{\varepsilon_{c0}} = 0.649e^{-2.58e-5T_L} N^{0.155} \quad -160\ ℃ \leqslant T_L \leqslant 20\ ℃ \tag{6.24}$$

$$I_{E_c} = \frac{E_{ccD}}{E_{c0}} = 3.456e^{0.003\,98T_L} N^{-0.493} \quad -160\ ℃ \leqslant T_L \leqslant 20\ ℃ \tag{6.25}$$

其中, I_{f_c}、I_{ε_0} 和 I_{E_c} 分别为冻融循环后 f_{c0}、ε_{c0} 和 E_{c0} 的折减系数;f_{ccD}、ε_{ccD}、E_{ccD} 分别为冻融循环后的极限抗压强度(MPa)、应变和弹性模量(GPa);f_{c0}、ε_{c0}、E_{c0} 分别为极限抗压强度(MPa)、f_{c0} 处的应变和冻融循环前的弹性模量(GPa);T_L 为冻融循环的最低温度(℃)。

表 6.6 比较了经冻融循环后混凝土的 f_{ccD}、ε_{ccD}、E_{ccD} 的预测值与试验值。可以得到,分析模型可以对 f_{ccD}、ε_{ccD}、E_{ccD} 给出合理的预测。f_{ccD}、ε_{ccD}、E_{ccD} 的预测值与试验值之比的平均值接近 1.0,其变异系数分别为 5%、10% 和 13%。

采用 Carreira 等[10] 提出的本构模型预测混凝土冻融循环后的受压应力 - 应变曲线:

$$\frac{\sigma}{f_{ccD}} = \frac{(a+1)\dfrac{\varepsilon}{\varepsilon_{ccD}}}{a + \left(\dfrac{\varepsilon}{\varepsilon_{ccD}}\right)^b} \tag{6.26}$$

$$b = \frac{f_{ccD}}{32.4} + 1.55 \tag{6.27}$$

其中,σ、ε 分别为混凝土的压缩应力(MPa)和应变;f_{ccD}、ε_{ccD} 可分别由式(6.23)和式(6.24)获得;a 为常数,可通过回归分析确定,见表 6.7;b 为强度提高系数。

如图 6.18 所示,分析结果与试验数据吻合良好。

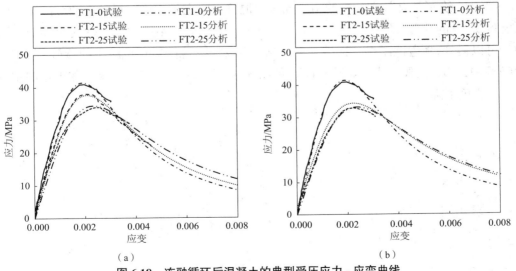

图 6.18　冻融循环后混凝土的典型受压应力 - 应变曲线

(a)$T_L = -40\ ℃$　(b)$T_L = -80\ ℃$

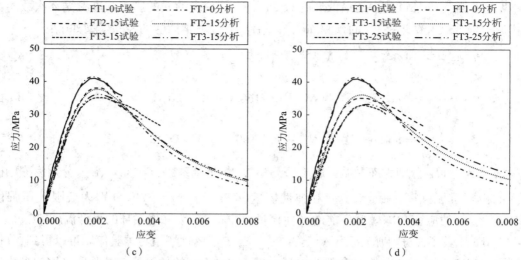

图 6.18　冻融循环后混凝土的典型受压应力 - 应变曲线（续）

（c）$N=15$　（d）$N=25$

表 6.7　参数 a 拟合结果

参数 a	20 ℃	-40 ℃	-80 ℃	-120 ℃	-160 ℃
$N=0$	1.43	1.35	1.30	1.25	1.10
$N=15$	1.62	1.72	1.79	1.82	1.93
$N=25$	1.74	1.84	2.20	2.21	2.48

　　此外，由于本章中开发的经验公式是基于极限试验值的，因此需要进一步验证。该经验公式适用的温度区间为 -160～20 ℃，冻融循环次数为 0~25。

2. 分析讨论

　　图 6.19 绘制了有限元分析的粘结预应力混凝土梁在不同冻融循环次数和冻融试验最低温度 T_L 下的荷载 - 挠度曲线。表 6.8 列出了冻融循环后粘结预应力混凝土梁的极限抗力。可以得到，随着冻融循环次数从 5 次增加到 25 次，冻融循环试验中的最低温度从 -40 ℃降至 -120 ℃，极限承载力降低 8.4%。如图 6.19 所示，粘结预应力混凝土梁的弯曲刚度亦有一定程度下降。

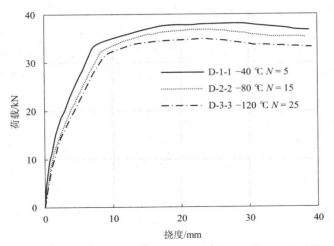

图 6.19　预应力混凝土梁冻融循环后荷载 - 挠度曲线对比

表 6.8　冻融循环后预应力混凝土梁计算数据

编号	循环次数	温度/℃	a	b	极限荷载/MPa	极限应变	弹性模量/MPa	预应力水平/MPa	极限承载力/kN
D-1-1	5	-40	1.54	2.78	40.00	1 492	47 989	800	38.00
D-1-2	15	-40	1.72	2.62	34.75	1 769	27 921	800	36.94
D-1-3	25	-40	1.84	2.59	33.82	1 915	21 705	800	36.14
D-2-1	5	-80	1.55	2.61	34.34	1 494	40 927	800	37.61
D-2-2	15	-80	1.79	2.45	29.03	1 771	23 811	800	36.77
D-2-3	25	-80	2.20	2.40	27.62	1 917	18 510	800	36.51
D-3-1	5	-120	1.35	2.39	27.29	1 495	34 903	800	36.06
D-3-2	15	-120	1.82	2.25	22.56	1 773	20 307	800	34.95
D-3-3	25	-120	2.21	2.19	20.88	1 919	15 786	800	34.79

6.7　结论

　　本章首先开展了 12 根粘结预应力混凝土梁在不同温度水平（20 ℃、-40 ℃、-70 ℃、-100 ℃）下的试验,创建了预测不同温度水平下粘结预应力混凝土梁力学性能的理论模型,提出了一种能够模拟有粘结以及无粘结预应力混凝土梁超低温环境下结构性能的有限元分析方法,并基于该有限元模型进行了参数分析。基于试验结果、理论与数值分析,得出以下几点基本结论。

　　（1）粘结预应力混凝土梁在不同温度水平（20 ℃、-40 ℃、-70 ℃、-100 ℃）下的静力试验表明,低温提高了粘结预应力混凝土梁的开裂荷载 P_{cr} 与极限荷载 P_u。随着温度从 20 ℃ 下降至 -40 ℃、-70 ℃、-100 ℃,粘结预应力混凝土梁的极限荷载 P_u 提升了 9%、15%、33%;

随着温度从 20 ℃下降至 -40 ℃、-70 ℃、-100 ℃,预应力水平为 0 和 0.75f_{pu} 的混凝土梁的开裂荷载 P_{cr} 分别提升了 51%(24%)、85%(48%)和 108%(56%)。

(2)预应力水平对预应力混凝土梁的力学性能影响显著,但对低温下粘结预应力混凝土梁的弹性刚度和极限承载力影响不大。当预应力水平从 0 增加到 0.75f_{pu} 时,试验梁在试验温度为 20 ℃、-40 ℃、-70 ℃、-100 ℃时,分别平均增长了 30.5%、7.3%、4.6% 和 5.0%。

(3)提出了一种能够模拟有粘结以及无粘结预应力混凝土梁超低温环境下结构性能的有限元分析方法。基于低温下混凝土及钢材的本构方程与力学性能,建立了有限元模型。与试验结果对比表明,提出的有限元模型可以精确地模拟低温下预应力混凝土梁的荷载 - 挠度曲线、抗裂性能和极限承载力。对于低温下预应力混凝土梁开裂荷载 P_{cr},有限元与试验值相比平均高估了 4%,变异系数为 0.16。对于低温下预应力混凝土梁极限荷载 P_u,有限元与试验值相比平均高估了 9%,变异系数为 0.07。

(4)基于验证后的有限元模型,进行了参数分析,结果表明,随着温度的降低、非预应力配筋率的增加和混凝土强度的提高,粘结预应力混凝土梁的极限承载力增大。随着温度的降低、有效拉应力的增加和混凝土强度的提高,粘结预应力混凝土梁的抗裂性能提高。

(5)冻融循环后,对混凝土进行轴心抗压试验,得到相应的材料性能。试验结果表明,混凝土的弹性模量和轴心抗压强度随着冻融循环次数的增加和冻融循环最低温度的降低而降低,提出了预测冻融循环后混凝土受压应力 - 应变曲线的本构方程。基于冻融循环后的材料模型以及本章提出的预应力混凝土梁的有限元模型,对冻融循环后的无粘结预应力混凝土梁进行了参数分析。研究结果表明,随着冻融循环次数的增加和冻融试验最低温度的降低,预应力混凝土梁的极限承载力和刚度降低。

参考文献

[1] 中国建筑科学研究院. 混凝土结构设计规范:GB/T 50010—2010[S]. 北京:中国建筑工业出版社,2011.

[2] American Concrete Institute. Building code requirements for structural concrete:ACI 318-14[S]. Farmington Hills:American Concrete Institute,2014.

[3] LUBLINER J,OLIVER J,OLLER S,et al. A plastic-damage model for concrete[J]. International journal of solids & structures,1989,25(3):299-326.

[4] LEE J,FENVES G L. Plastic-damage model for cyclic loading of concrete structures[J]. Journal of engineering mechanics,1998,124(8):892-900.

[5] ABAQUS. ABAQUS standard user's manual,version 6.12[Z]. Providence,RI(USA):Dassault Systemes Corp,2012.

[6] XIE J,LI X M,WU H H. Experimental studies on the axial-compression performance of concrete at cryogenic temperatures[J]. Construction and building materials,2014,72:380-388.

[7] YAN J B,XIE J. Behaviours of reinforced concrete beams under low temperatures[J]. Construction and building materials,2017,141:410-425.

[8]　COMITE EURO-INTERNATIONAL D B. CEB-FIP model code 1990[S].Trowbridge，Wiltshire，UK：Redwood Books，1991.

[9]　YAN J B，XIE J. Experimental studies on mechanical properties of steel reinforcements under cryogenic temperatures[J]. Construction and building materials，2016，151：661-672.

[10]　CARREIRA D J，CHU K H. Stress-strain relationship for plain concrete in compression[J]. Journal of the American concrete institute，1985，82（6）：797-804.

第7章 低温环境下混凝土柱轴压性能研究

本章主要研究低温环境下温度和体积配箍率对轴心受压混凝土柱弹性模量、峰值应力、应力-应变性能及延性性能的影响规律。在此基础上,通过进一步分析,拟合得出钢筋混凝土柱应力-应变曲线公式,从而为低温环境下钢筋混凝土结构尤其是轴心受压构件的分析和设计工作提供试验依据和数据支持。

7.1 试件的设计与制作

试验以《混凝土结构试验方法标准》(GB/T 50152—2012)[1]和《混凝土物理力学性能试验方法标准》(GB/T 50081—2019)[2]为参考和依据,主要考虑温度和体积配箍率2个主要参数的影响,设计B、C、D共3组、18个试件,试件选择为150 mm×150 mm×550 mm的棱柱体,混凝土设计强度为C40(配合比见表7.1),保护层厚度为20 mm,试件设计的具体情况见表7.2。

表 7.1 C40 混凝土的计算配合比

项目	水泥	砂	石	水
质量/kg	443	580	1 232	195
比例	1	1.31	2.78	0.44

表 7.2 钢筋混凝土柱设计

试件编号	混凝土强度/MPa	纵筋			箍筋			温度 T/℃
		纵筋型号	纵筋	配筋率/%	箍筋型号	箍筋	配箍率/%	
B-1		HRB400	4Φ12	2.01	HPB235	Φ8@130	1.51	20
B-2		HRB400	4Φ12	2.01	HPB235	Φ8@130	1.51	0
B-3	58.00	HRB400	4Φ12	2.01	HPB235	Φ8@130	1.51	-40
B-4		HRB400	4Φ12	2.01	HPB235	Φ8@130	1.51	-80
B-5		HRB400	4Φ12	2.01	HPB235	Φ8@130	1.51	-120
B-6		HRB400	4Φ12	2.01	HPB235	Φ8@130	1.51	-160

续表

试件编号	混凝土强度/MPa	纵筋			箍筋			温度 $T/℃$
		纵筋型号	纵筋	配筋率/%	箍筋型号	箍筋	配箍率/%	
C-1		HRB400	4⊈12	2.01	HPB235	Φ8@87	2.25	20
C-2		HRB400	4⊈12	2.01	HPB235	Φ8@87	2.25	0
C-3	56.59	HRB400	4⊈12	2.01	HPB235	Φ8@87	2.25	−40
C-4		HRB400	4⊈12	2.01	HPB235	Φ8@87	2.25	−80
C-5		HRB400	4⊈12	2.01	HPB235	Φ8@87	2.25	−120
C-6		HRB400	4⊈12	2.01	HPB235	Φ8@87	2.25	−160
D-1		HRB400	4⊈12	2.01	HPB235	Φ8@65	3.02	20
D-2		HRB400	4⊈12	2.01	HPB235	Φ8@65	3.02	0
D-3	57.93	HRB400	4⊈12	2.01	HPB235	Φ8@65	3.02	−40
D-4		HRB400	4⊈12	2.01	HPB235	Φ8@65	3.02	−80
D-5		HRB400	4⊈12	2.01	HPB235	Φ8@65	3.02	−120
D-6		HRB400	4⊈12	2.01	HPB235	Φ8@65	3.02	−160

7.2　降温、测试与加载装置

　　本次试验使用两种设备协同工作进行降温：0 至 −80 ℃，试件使用低温冰箱（图 7.1）进行降温；−80 ℃至 −160 ℃，采用超低温液氮环境箱（图 7.2）进行降温。同时，为节约成本，当试验温度为 −120 ℃和 −160 ℃等超低温时，先将试件利用低温冰箱降温至 −80 ℃，然后再由超低温液氮环境箱降温至相应的试验要求的超低温温度点。降温过程中，需实时监测处于相同条件下的温度试件的中心温度。

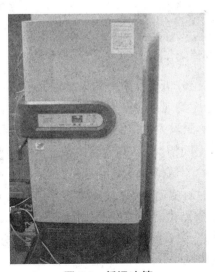

图 7.1　低温冰箱

图 7.2　超低温液氮环境箱

　　本次试验的温度测量仪表采用铂金温度传感器(图 7.3),该温度传感器灵敏度高,且可测量的最低温度能够达到 -200 ℃,可以满足本次试验的超低温量测要求。混凝土试件中心埋置铂金温度传感器作为温度试件,通过外置的读数装置 LU-906M 智能调节仪(图 7.4)显示试件内部中心温度,由此可监测试件任意时刻的温度状况,并及时做出相应的调整。

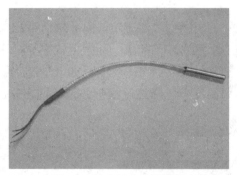

图 7.3　铂金温度传感器

图 7.4　LU-906M 智能调节仪

　　课题组通过前期调研,综合分析各种材料的保温效果,决定采用聚氨酯泡沫板材对试验过程进行温度控制。同时,考虑到现有应变测量仪表不能直接处在超低温的环境下,课题组参照实验室混凝土弹性模量的测量方法研制出连接测量仪表与试件本身的钢制夹具。依据安装夹具后混凝土试件所占空间情况,聚氨酯泡沫板材经手工切割及玻璃胶粘合后制成适当大小的保冷箱。通过在保冷箱侧壁伸入钢制液氮导管,试验过程中可由液氮罐向箱内释放出适当量的液氮,使置入箱内的铂金温度传感器温度维持在设计的温度附近。试验过程中需实时监测置入箱内的铂金传感器的温度变化情况,以此来控制液氮罐阀门的开启与关闭。保冷箱及钢制夹具与试件、仪表的相互关系具体如图 7.5 所示。

　　钢筋混凝土轴心受压性能试验参照《混凝土结构试验方法标准》(GB/T 50152—2012),试验在天津大学结构实验室进行,试件采用分级加载制度,加载速度控制在柱顶位移

0.3 mm/min 左右。每 25 kN 进行一次记录,记录混凝土中部受压区的两侧 YHD-5 型位移传感器和顶部 2 个机电百分表的数值。试验过程中,竖向轴压压力由 5 000 kN 压力试验机表盘人工读取,其余均由 YE 2533 型电阻应变仪实时采集。试验加载装置如图 7.6 所示。

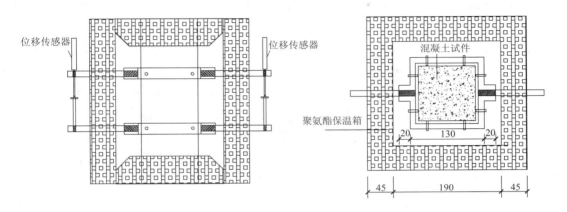

图 7.5　保冷箱及钢制夹具与试件、测量仪表的相互关系

7.3　试验过程

钢筋混凝土轴心受压性能试验选择在 20 ℃、0 ℃、-40 ℃、-80 ℃、-120 ℃ 和 -165 ℃ 共 6 个温度条件下进行,采用低温冰箱作为主要降温设备。超低温环境箱可降温至 -180 ℃ 的超低温,出于效率和成本考虑,-120 ℃ 和 -165 ℃ 的超低温试验采用低温冰箱和超低温环境箱协同工作降温。

把自然条件下养护 28 d 的钢筋混凝土试件表面擦拭干净并检查其外观是否有明显缺陷,检查合

图 7.6　试验加载装置

格后把试验试件及温度试件一并放入降温设备进行降温。对于不低于 -80 ℃ 的低温情况,对低温冰箱拟降温至的目标温度进行设定并开始对试件降温,降温过程中注意对降温冰箱内温度试件进行温度监测与控制,直至试验试件降至试验所需低温温度点。对于温度低于 -80 ℃ 的超低温情况,把低温冰箱温度设定为 -86 ℃,试件降温至 -80 ℃ 左右时,取出试件(包括温度试件)迅速放入超低温环境箱,采用液氮对试件进行超低温下的降温,直至降温到试验所需温度点,降温过程中注意对温度试件进行温度监测与控制。

应当注意的是,考虑到试验夹具及试件仪表安装过程中试件的回温情况,降温时适当比设计温度低些,具体情况应参考前期温度试验结果。根据常温下箍筋约束混凝土试验时的情况,从试件于降温设备中取出至夹具及仪表安装成功,需 8～12 min。根据温度试验的回温曲线,在此时间段内,当目标温度为 -40 ℃ 时,试件中心温度回温 1～2 ℃;目标温度设定

为 -80 ℃时,试件中心温度回温 3~5 ℃;而 -160 ℃超低温时,试件中心温度回温相对较快,在 8~12 min 的时间内回温 8~13 ℃。为了保证试验的温度要求,可在降温过程中将试件的目标控制温度调低一些,如对于要求 -160 ℃的试验,可以在超低温液氮环境箱内降温至 -170 ℃后再取出进行后续研究,以保证试验的温度要求。经过试验的探索、分析和总结,应用该温度监测方法和试验方法对温度进行测量和控制可以满足试验的温度要求。试验的具体流程如下。

（1）经检查,试件无明显破损后,于试件中部区段 200 mm 处划线标记,为精确定位夹具的位置,保证其安装的准确度,标记上、下 10 mm 位置处也要划线。

（2）将试件放入降温设备降温,当设计温度低于 -80 ℃时,应采用低温冰箱和超低温液氮环境箱两种设备协同工作,降温过程中注意定时监测试件的中心温度。

（3）根据前期温度试验结果与试件夹具安装时间,不同的设计温度应将试件降至特定温度后从低温冰箱中取出,安装夹具,放入保冷箱内,安装好测量仪表。确定仪表具有足够的灵敏性后,在试件顶部安装球铰,将试验机底座推入试验机顶板正下方。

（4）调节液氮降温速率,在整个试验过程中,使保冷箱内环境温度控制在试验温度 ±5 ℃,超出该范围后,应及时开启或关闭液氮阀门。

（5）预加载至预估峰值荷载的 10%,观察试件两侧 YHD-5 型位移传感器的读数,卸载后有针对性地调整试件的位置,使试件逐渐接近轴心受压的状态。

（6）正式加载过程中按等应变速率方式进行,加载速率控制在柱顶位移 0.3 mm/min,每 25 kN 进行 1 次数据记录,接近峰值荷载时,逐渐减小进油量,直至荷载降至峰值荷载的 50% 或突然脆性破坏。

（7）加载过程中,试验荷载由 5 000 kN 压力试验机表盘直接读出。混凝土受压应变取试件中部的 YHD-5 型位移传感器获得的数据经换算得出平均值作为最后结果,试件的整体位移取两个机电百分表的平均值。

7.4　试验现象

试验过程中,可以发现,同一温度下,随着体积配箍率的提高,B、C、D 3 组试件的峰值应力和应变均有了较大提高,各试件表现出较好的延性,在不需要弹性元件的基础上,试验也能得出各试件的下降段。当温度为某一特定的低温或超低温时,各组峰值应力与峰值应变随配箍率的变化规律与常温时一致。

体积配箍率相同的各组试件,随着试验温度的降低,试验过程中的峰值荷载逐渐增大,进入下降段后段时试件的破坏剧烈。常温 20 ℃时（图 7.7）,由于混凝土的强度较高,试件达到极限承载力的 90% 时,试件出现裂缝,试件达到峰值荷载后,试件裂缝逐渐发展,同时混凝土保护层逐渐脱落,并伴随着“噼噼啪啪”的响声,荷载值逐渐下降。以 D-1 为例加以说明,常温下试件临近破坏时,试件表面布满了细小的裂缝,试件的整个破坏过程较稳定。温度为 -160 ℃时（图 7.8）,D-6 试件达到峰值荷载时,伴随着一声清脆的响声,试件出现一道或少数几道主裂缝,裂缝贯通,试件会发生突然脆性破坏,荷载值迅速下降。在控制相同进油速率的前提下,由于混凝土弹性模量提高,试件的刚度增大,荷载值增长速度较常温下有明显提高。

（a）　　　　　　　　　（b）　　　　　　　　　（c）

图 7.7　20 ℃时试件的破坏情况

（a）B-1　（b）C-1　（c）D-1

7.5　试验结果分析

　　本次试验所用的钢筋混凝土试件龄期均超过 28 d,试件制作时拟配制的混凝土强度等级为 C40,实际抗压强度通过预留的标准试件经试验测得。经分析,现将试件主要参数及相应的试验结果汇总于表 7.3。

（a）　　　　　　　　　（b）　　　　　　　　　（c）

图 7.8　−160 ℃时试件的破坏情况

（a）B-6　（b）C-6　（c）D-6

表 7.3　箍筋约束混凝土柱轴心受压试验结果

试件编号	配箍率 ρ_v /%	配箍特征值 λ_v	实际配箍特征值 λ_v'	温度 T/℃	峰值荷载 /kN	峰值应力 /MPa	峰值应变	屈服应变	极限应变	延性系数	弹性模量 /MPa
B-1	1.51	0.086	0.086	20	1 080	39.94	2.005×10^{-3}	1.200×10^{-3}	2.400×10^{-3}	2.00	57 831
B-2	1.51	0.086	0.080	0	1 170	44.62	1.836×10^{-3}	1.350×10^{-3}	2.560×10^{-3}	1.90	53 528
B-3	1.51	0.086	0.069	-40	1 300	50.84	1.725×10^{-3}	1.450×10^{-3}	3.000×10^{-3}	2.07	47 619
B-4	1.51	0.086	0.061	-80	1 575	63.17	1.700×10^{-3}	1.430×10^{-3}	2.550×10^{-3}	1.78	52 790
B-5	1.51	0.086	0.055	-120	1 900	77.25	1.791×10^{-3}	1.650×10^{-3}	2.460×10^{-3}	1.49	51 113
B-6	1.51	0.086	0.055	-160	1 970	81.35	1.545×10^{-3}	1.350×10^{-3}	1.720×10^{-3}	1.27	68 944
C-1	2.25	0.131	0.131	20	1 200	42.94	2.585×10^{-3}	1.500×10^{-3}	4.605×10^{-3}	3.07	35 731
C-2	2.25	0.131	0.121	0	1 095	40.91	1.929×10^{-3}	1.375×10^{-3}	2.600×10^{-3}	1.89	34 511
C-3	2.25	0.131	0.106	-40	1 455	57.19	1.860×10^{-3}	1.400×10^{-3}	3.150×10^{-3}	2.25	47 544
C-4	2.25	0.131	0.094	-80	1 565	61.52	2.085×10^{-3}	1.750×10^{-3}	2.400×10^{-3}	1.37	43 205
C-5	2.25	0.131	0.084	-120	1 945	78.81	1.900×10^{-3}	1.680×10^{-3}	2.980×10^{-3}	1.77	57 627
C-6	2.25	0.131	0.084	-160	2 000	81.43	1.857×10^{-3}	1.650×10^{-3}	2.855×10^{-3}	1.73	55 205
D-1	3.02	0.172	0.172	20	1 150	43.07	2.791×10^{-3}	1.500×10^{-3}	5.159×10^{-3}	3.44	35 707
D-2	3.02	0.172	0.160	0	1 260	47.96	2.502×10^{-3}	1.400×10^{-3}	3.450×10^{-3}	2.46	45 629
D-3	3.02	0.172	0.139	-40	1 570	61.70	2.010×10^{-3}	1.500×10^{-3}	2.900×10^{-3}	1.93	48 124
D-4	3.02	0.172	0.123	-80	1 645	65.28	1.948×10^{-3}	1.560×10^{-3}	2.720×10^{-3}	1.74	46 858
D-5	3.02	0.172	0.110	-120	2 080	84.47	1.984×10^{-3}	1.560×10^{-3}	2.300×10^{-3}	1.47	64 194
D-6	3.02	0.172	0.110	-160	2 120	86.65	1.885×10^{-3}	1.580×10^{-3}	2.960×10^{-3}	1.87	59 633

7.5.1　温度对试验结果的影响

1. 温度对应力-应变曲线的影响

随着温度的降低,素混凝土材料的峰值应力、弹性模量提高,峰值应变降低。与此同时,混凝土材料本构关系上升段和下降段的弹性模量绝对值均呈现出增大的趋势。从低温环境对混凝土材料影响的机理上讲,钢筋混凝土本构关系随温度参数的变化趋势应与素混凝土相似。

若不考虑配筋混凝土中纵筋作用的影响,将钢筋混凝土构件等效为连续匀质体,即约束混凝土应力直接由荷载值除以全截面面积得到,通过试验研究和数据分析则可得出 B、C、D 各组箍筋约束混凝土试件实测应力-应变曲线受温度影响的趋势。下面以 B 组(配箍特征值为 0.086)的实测应力-应变曲线为例,说明其应力-应变曲线随温度变化的发展趋势,如图 7.9 所示。

从不同温度条件下 B 组曲线可以看出,当配箍特征值不变时,随着温度的降低,箍筋约束混凝土的峰值应力、弹性模量有较大提高,而峰值应变则有不同程度的减小。

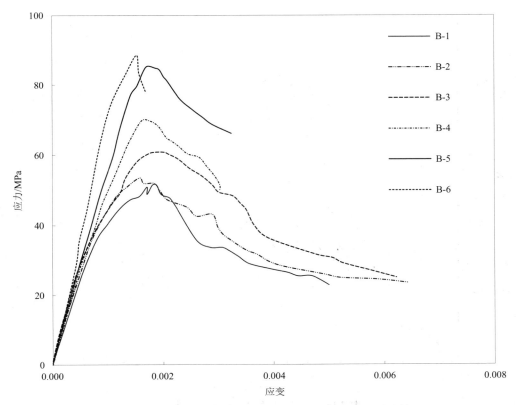

图 7.9　B 组实测应力 - 应变曲线随温度变化的趋势图

2. 温度对荷载 - 柱顶位移曲线的影响

从图 7.10 中 C 组不同温度下各条曲线间的对比不难发现,与应力 - 应变曲线的发展趋势类似,当箍筋约束混凝土体积配箍率为某一特定值时,随着温度的降低,约束混凝土峰值荷载逐渐增大。与此同时,曲线上升段斜率逐渐升高,试件的弹性模量逐渐提高,而实测得到的荷载 - 柱顶位移曲线下降段则变得更陡。分析认为对于钢筋混凝土柱,混凝土受到的周向的约束作用是一种被动约束,箍筋是在混凝土保护层发生脱落的情况下发挥作用。对于高强 C60 混凝土,箍筋作用一般发生在混凝土应力达到($0.8 \sim 0.9$)f_c(f_c 为未配箍混凝土强度)时,因此可以认为体积配箍率对混凝土弹性模量(此处分析 $0.5f_{cc}$ 的割线模量,f_{cc} 为配箍筋混凝土强度)没有影响。本试验发现,对混凝土弹性模量影响较大的参数只有温度,现将 B、C、D 3 组试件的弹性模量及峰值点特征值汇总于表 7.4。

如不考虑体积配箍率对混凝土弹性模量的影响,即混凝土的弹性模量仅受温度条件的影响,经过进一步分析,可以得出温度与混凝土弹性模量的关系,如图 7.11 所示。查混凝土规范可知,常温下 C60 混凝土的弹性模量为 365 000 MPa,按试验结果所得的公式拟合得到常温下 C60 混凝土的弹性模量为 43 817 MPa,与混凝土规范值较为接近,说明试验结果具有较高的精度。

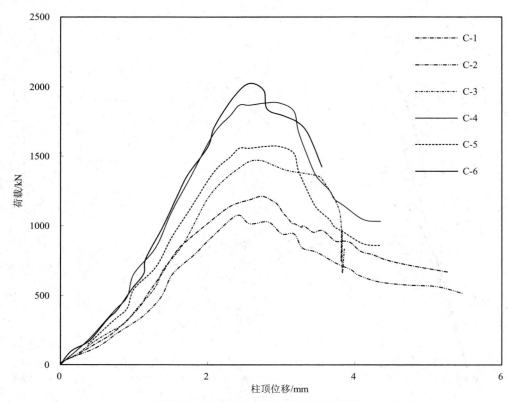

图 7.10　C 组实测荷载 - 柱顶位移曲线

表 7.4　各组试件的峰值特征点和弹性模量试验结果

温度 $T/℃$	B 组			C 组			D 组		
	峰值应力 /MPa	峰值应变	弹性模量 /MPa	峰值应力 /MPa	峰值应变	弹性模量 /MPa	峰值应力 /MPa	峰值应变	弹性模量 /MPa
20	48	1.885×10^{-3}	57 831	48.89	2.012×10^{-3}	35 731	53.56	2.791×10^{-3}	35 707
0	51	1.510×10^{-3}	53 528	48.67	1.843×10^{-3}	34 511	55.11	2.091×10^{-3}	45 629
-40	59.78	1.725×10^{-3}	47 619	64.67	1.860×10^{-3}	47 544	69.78	2.010×10^{-3}	48 124
-80	70	1.700×10^{-3}	52 790	69.56	2.145×10^{-3}	43 205	73.11	1.948×10^{-3}	46 858
-120	84.44	1.791×10^{-3}	51 113	86.44	1.900×10^{-3}	57 627	92.44	1.704×10^{-3}	64 194
-160	87.56	1.545×10^{-3}	68 944	88.89	1.857×10^{-3}	55 205	94.22	1.885×10^{-3}	59 633

7.5.2　配箍特征值对试验结果的影响

1. 配箍特征值对应力 - 应变曲线的影响

当体积配箍率一定时,在 20 ℃、-80 ℃、-160 ℃和不同体积配箍率下试件的应力 - 应变曲线发展趋势分别如图 7.12 至图 7.14 所示。

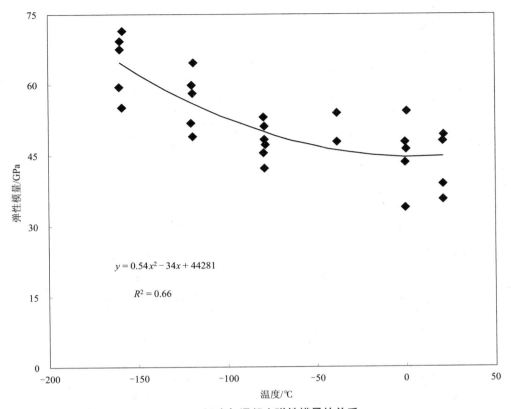

图 7.11　温度与混凝土弹性模量的关系

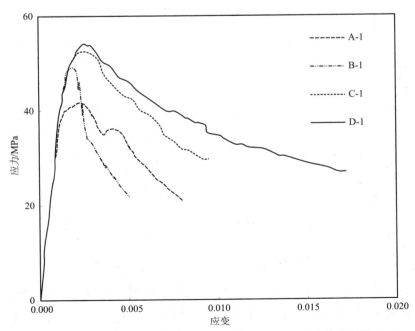

图 7.12　20 ℃条件下体积配箍率对应力 - 应变曲线的影响

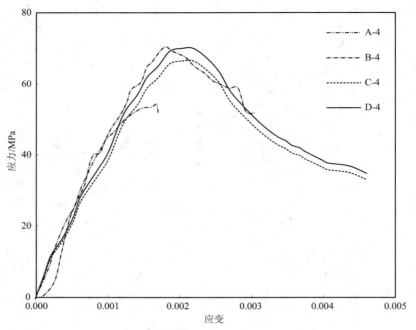

图 7.13 −80 ℃条件下体积配箍率对应力 - 应变曲线的影响

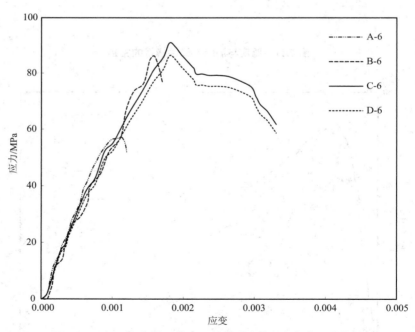

图 7.14 −160 ℃条件下体积配箍率对应力 - 应变曲线的影响

从各条曲线的对比发现,与 20 ℃下箍筋约束混凝土的结果相似,在某一特定温度下,随着试件中体积配箍率的提高,混凝土峰值应力、峰值应变均有所提高,而混凝土弹性模量变化不大,因此从钢筋混凝土被动约束机理及试验分析结果来看,不考虑配箍特征值对其弹性模量的影响是合理的。

2. 配箍特征值对混凝土强度的影响

若不考虑纵筋的影响,将箍筋内外混凝土看作匀质连续体,可求得钢筋混凝土柱的平均应力峰值随配箍特征值的变化关系,如图 7.15 所示。

由此可见,随着配箍特征值的提高,混凝土强度逐渐提高,这主要是由两方面的原因导致的:一方面在于箍筋约束作用的增大,使混凝土处于三向受压状态,其强度和延性均会有所提高;另一方面是试件中纵筋的存在使简化方法的计算结果偏大。考虑配箍特征值对核心区混凝土的强度影响,需要考虑以下因素。

(1)低温下配箍特征值的含义。由配箍特征值计算公式 $\lambda_v = \rho_v f_y$(λ_v 为配箍特征值,ρ_v 为配箍率)可知,配箍特征值是一个综合了配箍体积量、混凝土强度、钢筋屈服强度相互关系的物理量。以往的研究表明,配箍特征值是影响约束混凝土性能的重要参数。随着温度降低,f_c 逐渐提高,因此从某种意义上说,体积配箍率相同的各组试件,其实际配箍特征值随温度的降低在逐渐减小。

(2)数据处理时需要剔除混凝土保护层部分及纵筋所提供的竖向荷载,仅考虑配箍特征值内部核心区混凝土的影响作用。参照国外相关结论,Dahmani 等 [3] 总结了前人对低温环境下钢筋材料性能的研究成果,指出钢筋混凝土结构所用钢筋在低温下的屈服强度和极限强度都有显著提高;低温下钢筋的弹性模量增加约 10%,综合考虑低温条件下混凝土的峰值应变降低,导致屈服强度无法完全发挥,因此不考虑低温作用对纵筋作用的影响。同时,外围混凝土保护层的混凝土承担的竖向荷载由实测应力 - 应变曲线获得。

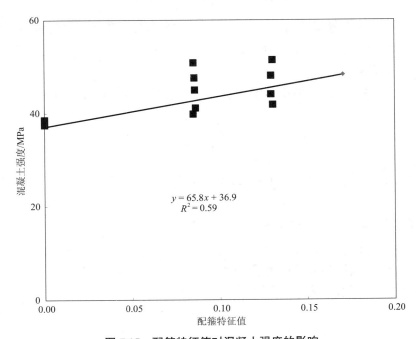

图 7.15　配箍特征值对混凝土强度的影响

由图 7.16 的试验拟合公式曲线可以得出,常温条件下约束混凝土的强度比值随实际配箍特征值的增大近似线性增大,与以往的研究成果相符较好,两者之间的关系如下:

$$f_{cc} = \left(1 + 2.075\,6\lambda'_v\right)f_{c0} \tag{7.1}$$

$$\lambda'_v = \lambda_v / \gamma_T \tag{7.2}$$

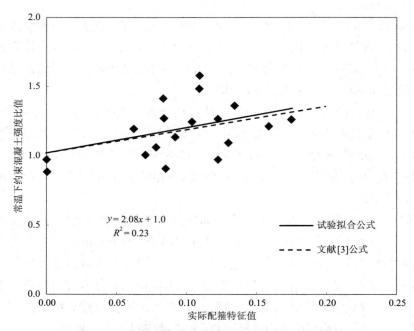

图 7.16　实际配箍特征值对混凝土峰值强度的影响

其中，f_{cc} 为素混凝土的峰值应力平均值（MPa）；λ'_v 为温度参数无量纲化后的实际箍筋特征值，按照式（7.2）计算；f_{c0} 为约束混凝土的峰值应力平均值（MPa）；γ_v 为配箍特征值；γ_T 为在温度 T 下的折减系数。

在此基础上，进一步综合考虑温度参数对混凝土强度的影响，则超低温下约束混凝土强度可按下式计算：

$$f_{cc} = \left(1 + 2.075\,6\lambda'_v\right)f_c\gamma_T \tag{7.3}$$

$$\lambda'_v = \lambda_v / \gamma_T \tag{7.4}$$

$$\gamma_T = \begin{cases} -0.004T + 1.08 & -120\,℃ \leqslant T \leqslant 20\,℃ \\ 1.56 & -160\,℃ \leqslant T \leqslant -120\,℃ \end{cases} \tag{7.5}$$

其中，f_c 为混凝土轴心抗压强度（MPa）。

3. 配箍特征值对混凝土峰值应变的影响

由上式可知，对温度参数进行无量纲化处理后，可得出 B、C、D 组各混凝土试件峰值应变随配箍特征值的变化，如图 7.17 所示。

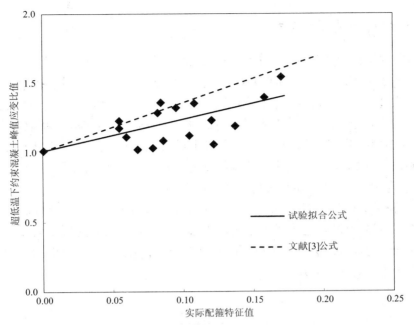

图 7.17　混凝土配箍特征值对混凝土峰值应变的影响

由图 7.17 的试验拟合公式曲线可以得出,常温条件下混凝土的峰值应力随约束混凝土配箍特征值的增大而线性增大,这与以往的研究成果相符较好,两者之间的关系如下:

$$\varepsilon_{cc} = \varepsilon_{c0}\left(1 + 2.326\,4\lambda_v'\right) \tag{7.6}$$

其中,ε_{c0} 为常温下混凝土的峰值应变。

在此基础上,综合考虑温度参数的影响,超低温下箍筋约束混凝土峰值应变可按下式计算:

$$\varepsilon_{cc} = \varepsilon_0\left(1 + 2.326\,4\lambda_v'\right)\gamma_{\varepsilon_T} \tag{7.7}$$

$$\lambda_v' = \lambda_v / \gamma_T \tag{7.8}$$

$$\gamma_T = \begin{cases} -0.004T + 1.08 & -120\ ℃ \leqslant T \leqslant 20\ ℃ \\ 1.56 & -160\ ℃ \leqslant T \leqslant -120\ ℃ \end{cases} \tag{7.9}$$

$$\gamma_{\varepsilon_T} = 0.001\,4T + 0.972\,0 \quad -160\ ℃ \leqslant T \leqslant 20\ ℃ \tag{7.10}$$

其中,ε_0 为常温下混凝土的峰值应变;γ_{ε_T} 为温度 T 下的峰值应变折减系数。

由公式分析可知,钢筋混凝土柱的峰值应变随混凝土体积配箍率的提高而增加,随温度的降低而减小。与常温下相比,超低温 -160 ℃ 环境条件下,混凝土的峰值应变降低 15% ~ 25%;而约束混凝土中配置足够的箍筋可以有效改善混凝土在超低温下的工作性能,使峰值应变不会有过多削弱。在公式分析的基础上,可以认为超低温 -160 ℃ 环境条件下,当约束混凝土配箍特征值达到 0.22 时,混凝土的峰值应变不会与素混凝土峰值应变相当。随着体积配箍率的继续增大,混凝土的峰值应变增加,延性得到进一步改善,在此体积配箍率条件下,可以不考虑过低的温度给结构延性带来的不良影响,同时纵向受力钢筋能较充分地发挥作用。

7.5.3　钢筋混凝土柱延性分析

在进行工程结构设计和抗震性能评估时,延性系数是一个非常重要的指标,试件的延性通常用延性系数来表示。常用的延性系数包括位移延性系数、曲率延性系数和应变延性系数。针对本试验,试验过程中约束混凝土端部不仅受到箍筋的约束作用,还会分别受到试验机顶板和底座的套箍效应,在其影响区域内,混凝土的峰值应变和延性系数会高于理论值。因此,在试验实测的荷载 - 柱顶位移曲线基础上进行位移延性系数分析是不合理的。本试验数据处理时,应避开套箍作用影响区域,仅考虑试件中部区域的受压应变,在实测的荷载 - 应变曲线基础上,分析各试件相应的屈服应变和应变延性系数。

对于钢筋等屈服点较明显的试件而言,其屈服应变和相应的延性指标容易获得。对于屈服点位置不明显的曲线,通常可用通用弯矩法或面积互等法确定屈服荷载和相应位移或应变。两种方法的基本做法如图 7.18 和图 7.19 所示,本试验数据处理时仅采用通用弯矩法来确定所有试件的应变延性系数。

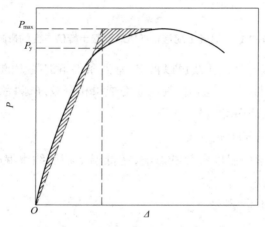

图 7.18　面积互等法确定屈服荷载

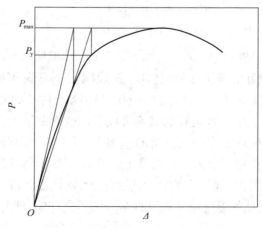

图 7.19　通用弯矩法确定屈服荷载

　　经分析可得出各组试件的应变延性系数,具体数值见表 7.3,其余混凝土峰值应变的关系如图 7.20 所示。由图可以看出,对于特定强度等级的混凝土而言,混凝土的峰值应变与其延性系数存在一定的正相关关系,峰值应变的大小在一定程度上可以看出混凝土延性的好坏。为了能快速方便地确定混凝土延性的好坏,可简单地通过混凝土的峰值应变加以判断。

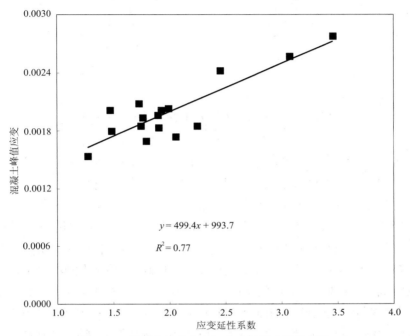

图 7.20　混凝土峰值应变与应变延性系数的关系

7.5.4　应力 - 应变曲线拟合

　　随着人们对约束混凝土力学性能的研究,已经提出了很多的材料模型,目前应用广泛的几种模型如 Mander 模型[4]、Park 模型[5]、Saatcioglu 模型[6](图 7.21(a))和 Cusson 模型[7](图 7.21(b))都是基于常温下普通混凝土试验研究获得的。低温和超低温环境下的约束混凝土的本构关系尚需要进一步的研究,甚至需要提出新的模型。

　　以往的研究结论表明,有无约束对混凝土本构关系上升段影响不大。针对低温、超低温环境下混凝土的本构关系,可在不考虑本章无约束混凝土本构关系的基础上得到。当 $0<x\leqslant 1$ 时,上升段仍采用传统形式;当 $x>1$ 时,根据以往的研究成果,约束混凝土下降段的曲线在很大程度上屈居于约束作用的大小。为便于与素混凝土的下降段形式比较,这里引入修正系数 α_{v},曲线表达式如下:

$$y=\begin{cases}Ax+(3-2A)x^{2}+(A-2)x^{3}&0<x\leqslant 1\\x\left[a\alpha_{\mathrm{v}}(x-1)^{2}+x\right]^{-1}&x>1\end{cases}\qquad(7.11)$$

其中,y 为混凝土应力除以对应的峰值应力;x 为混凝土应变除以对应的峰值应变;A 为待定系数;a 为根据试验确定的系数;α_{v} 为修正系数。

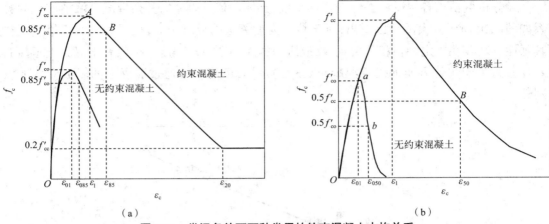

（a）　　　　　　　　　　　　　　（b）

图 7.21　常温条件下两种常用的约束混凝土本构关系

（a）Saatcioglu 模型　（b）Cusson 模型

图 7.22 是不同温度条件下约束混凝土应力 - 应变实测曲线与理论曲线上升段的对比。可以看出,采用上式可以较好地模拟约束混凝土应力 - 应变曲线的上升段。

以往研究结论表明,配箍特征值对约束混凝土应力 - 应变曲线下降段有较大的影响。这里引入下降段修正系数 α_v 来考虑配箍特征值对曲线下降段的影响。通过对各曲线下降段进行分析,可得出各自下降段修正系数 α_v 与实际配箍特征值的关系如图 7.23 所示。由图中关系可知,随着箍筋约束作用,即配箍特征值的提高,混凝土下降段修正系数逐渐减小,反映到曲线形式,则表现为下降段的刚度绝对值逐渐减小,承载能力衰减更为缓慢,试件的延性得到改善,这与常温条件下的研究成果相符,且与图 7.22 中同一温度条件下不同配箍特征值试件的曲线下降段形状吻合。由前面的讨论可知,无量纲化处理后的应力 - 应变曲线,可仅考虑温度的影响,而不考虑配箍特征值的影响。由前面的回归分析可知,最终的约束混凝土的本构关系与配箍特征值和温度均有关系。

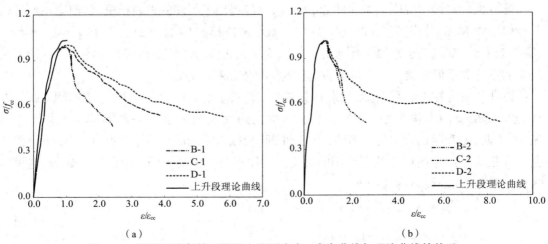

（a）　　　　　　　　　　　　　　（b）

图 7.22　不同温度条件下混凝土实测应力 - 应变曲线与理论曲线的关系

（a）常温下应力 - 应变曲线与理论曲线　（b）0 ℃应力 - 应变曲线与理论曲线

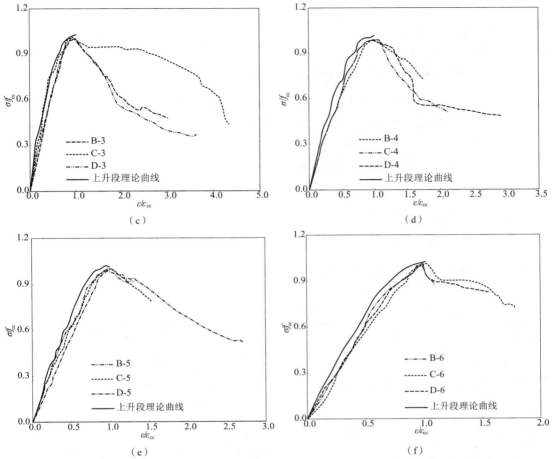

图 7.22　不同温度条件下混凝土实测应力 - 应变曲线与理论曲线的关系(续)

（c）-40 ℃应力 - 应变曲线与理论曲线　（d）-80 ℃应力 - 应变曲线与理论曲线
（e）-120 ℃应力 - 应变曲线与理论曲线　（f）-160 ℃应力 - 应变曲线与理论曲线

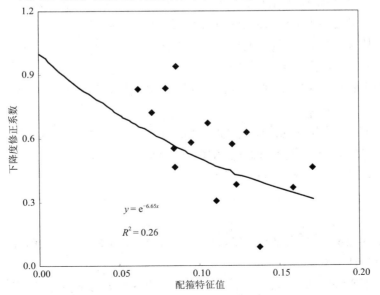

图 7.23　下降段修正系数与实际配箍特征值的关系

若令 $x = \varepsilon / \varepsilon_{cc}$，$y = \sigma / f_{cc}$，则约束混凝土应力 - 应变曲线可用下式拟合。

上升段：$0 < x < 1$ 时，有

$$f_{cc} = (f_c + 3.472\lambda_v)\gamma_T \tag{7.12}$$

$$y = Ax + (3 - 2A)x^2 + (A - 2)x^3 \tag{7.13}$$

$$\varepsilon_{cc} = (\varepsilon_0 + 136.88\lambda_v)\gamma_{\varepsilon_T} \tag{7.14}$$

$$\gamma_T = \begin{cases} -0.004T + 1.08 & -120\,℃ \leqslant T \leqslant 20\,℃ \\ 1.56 & -160\,℃ \leqslant T \leqslant -120\,℃ \end{cases} \tag{7.15}$$

$$\gamma_{\varepsilon_T} = 0.001\,4T + 0.972\,0 \quad -160\,℃ \leqslant T \leqslant 20\,℃ \tag{7.16}$$

下降段：$x > 1$ 时，有

$$y = x\left[\alpha_v (x - 1)^2 + x \right]^{-1} \tag{7.17}$$

$$\alpha_v = e^{-6.954\lambda_v} a \tag{7.18}$$

其中，参数 A 和 a 的值见表 7.5。

表 7.5　A 和 a 的值

温度/℃	20	0	−40	−80	−120	−160
A	2.7	2.7	2.2	1.8	1.6	1.5
a	0.7	1.3	1.7	2	5	6

7.6　结论

　　本章主要研究了 18 个 150 mm × 150 mm × 550 mm 的配筋混凝土试件的轴心受压性能，考虑的参数主要包括体积配箍率和温度。通过对相应的参数进行无量纲化处理，可以进一步得到箍筋约束混凝土强度、弹性模量及峰值应变等随配箍特征值的变化关系，并得到各不同温度、不同体积配箍率参数下的钢筋混凝土柱应力 - 应变曲线拟合表达式。

　　通过试验及分析可以得到以下结论。

　　（1）特定温度下，混凝土的强度、峰值应变随配箍特征值的增大呈线性增大，而弹性模量随配箍特征值变化不大。

　　（2）混凝土的延性与其峰值应变、配箍特征值近似呈线性关系。研究表明，低温条件下混凝土峰值应变减小、脆性增大，而通过增加体积配箍率可以适当提高混凝土的峰值应变和延性系数，改善混凝土在低温下的工作性能。

参考文献

[1]　中国建筑科学研究院. 混凝土结构试验方法标准: GB/T 50152—2012[S]. 北京: 中国建筑工业出版社, 2012.

[2]　中国建筑科学研究院有限公司. 混凝土物理力学性能试验方法标准: GB/T 50081—

2019[S]. 北京：中国建筑工业出版社，2019.

[3]　DAHMANI L，KHENANE A，KACI S. Behavior of the reinforced concrete at cryogenic temperatures[J]. Cryogenics，2007，47(9-10)：517-525.

[4]　MANDER J B，PRIESTLEY M J N，PARK R. Theoretical stress-strain model for confined concrete[J]. Journal of structural engineering，1988，114(8)：1804-1826.

[5]　KENT D C，PARK R. Flexural members with confined concrete[J]. Journal of the structural division，1971，97(12)：1969-1990.

[6]　SAATCIOGLU M，RAZVI S R. Strength and ductility of confined concrete[J]. Journal of structural engineering，1992，118(6)：1590-1607.

[7]　CUSSON D，PAULTRE P. Stress-strain model for confined high-strength concrete[J]. Journal of structural engineering，1995，121(3)：468-477.

第8章 研究展望

经济快速发展和能源过度消耗,促使人类对新领域、新地域、新能源的探索更加迫切,如极地资源的探索与开发、"三深"科技创新战略的实施、高寒地区基础设施建设等。土木工程在(超)低温环境中的应用日益增多,国内外学者对此开展了大量相关研究,已逐渐成为国际研究前沿之一。目前,国内外学者已有的研究多集中于超低温下材料性能的演变规律,而对结构性能的研究,因受限于试验设备条件而开展较少。并且,现有的研究成果以常规混凝土结构为主,对适用于超低温环境的其他结构形式探索较少。考虑目前已有研究成果中的不足以及今后工程应用范围不断扩展所带来的新要求,未来仍需对一些问题进行更加深入的研究与探索。

(1)建立统一的超低温试验标准。实现构件遵循设定的降温曲线进行升、降温,并可在任意目标温度稳定持温,使试验参数量化可控,降温过程可重复;实现超低温试验高精度测量,数据可靠,使超低温试验从大量的定性分析逐渐转向深入的定量分析,进一步揭示超低温环境下土木工程材料及结构性能的变化机理,进而为超低温环境下的结构设计提供更可靠的数据支持。

(2)研究对象大型化。实现大尺寸超低温试验,了解土木工程结构在超低温环境下的真实工作状态,解决低温尺寸效应问题。进一步掌握土木工程结构在低温下建造及使用过程中的强度、刚度及稳定性等重要性能的特征,真实模拟实际工程中结构的工作条件,为在低温环境中土木工程结构安全使用提出合理化建议;满足结构在低温下的安全性及耐久性要求,为极地以及"三深"环境下工程建设及维护提供理论和技术支持,推进相关技术规范及标准的形成。

(3)超低温环境下结构形式多样化。通过改进试验手段,使超低温环境下的研究工作由常规的钢筋混凝土材料扩展至更广泛的土木工程材料,如金属材料、土工材料、FRP材料等,丰富低温环境下土木工程材料及结构的形式。研究低温对不同材料的强度增强或损伤机理,以选取或开发更加适用于低温环境下的土木工程结构形式。